ナフサと石油化学マーケットの読み方

柳本 浩希 著

化学工業日報社

まえがき

　経済産業省がまとめた工業統計によると、日本の化学産業は 2016 年時点で 42 兆円規模の出荷額を誇り、これは国内の製造業のなかでは輸送用機械器具に次ぐ第 2 位、従業員数は 89 万人あまりとその存在は大きい。そのうち石油化学が占める割合を厳密に区分することはできないが、約半数強を占めるとされており、ゴムやプラスチック、繊維、塗料など幅広い産業の裾野を持っている。自動車や家電、アパレル、電子部品、日用品、食品、衛生材料、建設など最終的に全ての産業と結びついていると言っても過言ではない。その化学品の多くは石油から生産される。日本では石油化学品のほとんどが石油製品の一種であるナフサを原料に生産され、このナフサの輸入価格を前提に国内の石油化学製品のみならず、ゴム、プラスチック、繊維など加工品の価格までもが決定される。つまり石油化学のバリューチェーン（エチレン→ポリエチレン→自動車のガソリンタンクといった、製品が連続して鎖のように繋がる様こと）において、価格決定の根幹を担うのがナフサとなる。

　多くの石油化学品は四半期ごとに財務省貿易統計によって決定される日本のナフサ入着価格に従い、価格が変動する（ナフサが上昇すれば、値上げ。下落すれば、値下げといった具合に）。この改定時期になると日本でおびただしい量の見積書が各社を飛び交う。担当者は、四半期のナフサ入着価格が決定されるタイミングになると、購買／販売価格の変更処理（社内決裁）と、改定後の見積書の連絡授受に忙殺される。特に商社はメーカー（仕入れ先）からの購入価格の変更決裁と、ユーザー（販売先）に対する販売価格の変更決裁を二重で実施することになり、昔に比べればシステム化が進んだものの、それでも入力するのは人間であることから膨大な労力を費やしていることに違いない。

　しかし、なぜ国内の石油化学品がナフサの変動に素直に従わなけれ

ばいけないのか、そしてナフサ価格がどういった背景で変動したのか、その値決め方式にリスクはないのか、深く考え納得したうえで従事している人は非常に少ないのが現実だ。「知らない」、「興味がない」人が多すぎるという実感がある。とはいえ無理もない。日本の石油化学業界ではそれが「当たり前の既成事実」であり、そういった背景知識を知らなくとも特に問題なく取引が円滑に進むからだ。メーカーであれば自社の製品の付加価値を引き上げ、利益を最大化させることが本命であり、ある意味コスト論は二の次というのも理解できる。

しかしながら、国産ナフサ価格の「言いなり」で価格改定を実施し、その変動に事業活動は振り回され、担当者は喜び涙しながらも、その内実や本質がわからないままでは、あまりに寂しいとは思わないだろうか。そして、足元ではシェールオイル由来のガス原料（エタンやLPG）をベースにした、コスト競争力の高い装置（エタンクラッカー、プロパン脱水素装置）が凄まじい勢いで増設され、ナフサの相対的な競争力は低下している。日本の化学産業が世界で激化する競争環境の下で生き残るために、と言っては大げさだが、今後はさらに原料コストに対して感度を上げていくことが重要と言える。

そんな問題意識を持つなかで、化学工業日報社の増井様から石油化学品を取り扱うビジネスマンのために、ナフサや石油化学品相場の見方やポイントを簡潔にまとめた入門書の執筆依頼をいただいた。これまでなぜ入門書が存在しなかったのか、産業規模が大きいだけに甚だ疑問だが、企画案を練るなかで、「少なくとも一冊はないとおかしい」との思いで一致。小生の本業であるナフサの仲介や情報発信、コンサルティングの合間を縫って、少しずつ筆を進めさせていただいた。あくまで読者のターゲットはビジネスマンを主眼としているため、基礎の基礎からわかりやすく記載したつもりだ。また、当然ながら現在とは過去の歴史の土台の上に形成される。国産ナフサ価格の成立背景や、それが国内の石化製品価格のベースとなった経緯については、先人方が残した文献を論拠にすることで、できる限り史実に基づき掘り下げた。ただし、小生は産業史の研究者ではないため、足元の価格体系に

関する仕組みや背景にクローズアップし、あくまで「簡潔さ」、「わかりやすさ」に重点を置いた点は申し添えたい。

　本書は時間のない「企業戦士」のためにわかりやすく、ナフサと石油化学の基礎、石化製品が国産ナフサ価格に準拠するようになった背景、そしてナフサと石化相場の基礎を習得してもらうことを本旨としている。そして、一通り基礎は既に習得している読者も多くいることを前提に、発展課題としてナフサフォーミュラの弊害について、リーマンショックやコロナショックの事例を引き合いに考察した。これまで所与のものとして受け止められてきたナフサフォーミュラについて深堀りし、底に潜む問題を共有し、一定の提言にまとめた。そもそも国産ナフサ価格成立の歴史とナフサフォーミュラの考え方は不可分なはずであるが、残念ながら前者を知っている人はいないに等しい。そういった意味では、基礎を学びたい人にも、基礎を一通り知ったうえでもう一段知識を深めたい人にも、読み応えのある内容にしたつもりだ。

　近年、上場企業を中心に四半期決算を基本とした、ROA（総資産利益率）重視の経営方針が浸透したことを背景に、省人化が広がり一人ひとりの労務負担は増加している。また、専業化が進んだことで、ナフサ、モノマー、ポリマーとビジネスのフィールドは細分化された。これにより異なるビジネスフィールドにまたいだ基盤的、横断的な知識は習得しづらくなっている。一方、世界の石油化学をめぐる事業環境は目まぐるしく変化し、従来の考え方や仕組みでは通用しない部分も多くなってきている。世界の動きから取り残されることのないよう、日本国内のマーケットの特異性やナフサ・石化相場の仕組みについて知見を深める一助になれば幸いだ。なお、本書の内容は、小生が運営する「ナフサ＆石油化学　基礎セミナー」の内容をもとに構成している。

　日々マーケットと格闘しているトレーダーは次のように言う、「アロマ相場、ポリエチレン相場だけ極めても、ナフサの需給を知らないのでは、その相場を本当に知ったことにならない。反対にナフサ相場を極めるには、石油化学の需給を把握しておかないと、もはやビジネスは成り立たない」。川上に従事する人はその川下の産業の状況を、川

下に従事する人はその川上の産業の状況を理解しなければ、仕事にならないというわけだ。海外の化学会社は石油精製と一体で運営している会社が多い。中国ではポリプロピレンの軟包装フィルムを手掛けていた会社が、より上流のPDH（プロパン脱水素）装置を新設するなど、海外においては原料と製品との垣根が低くなっている。ところが日本では石化製品を取り扱っている人が、原料であるナフサ相場のことまで知っていることは極めて稀だ。こんなに面白いマーケットを知らずして、ナフサ価格について知ったふりをしながら語るというのは、もったいないと思う。そういった意味で、読者が取り扱う石油化学品やその原料の相場の仕組み、歴史について知見を深めることにより、日頃のビジネスの役に立てていただければ幸いだ。

2021年3月

柳本 浩希

目　次

第4章　石油化学製品の国内相場とアジア相場

第5章　未来のマーケットと石化産業

おわりに

第 1 章

ナフサと石油化学の基礎

　東京大学文科系の入試問題は基礎の知識がどれだけ盤石となっているかを問う出題が多いそうだ。歴史の出題においても名門私大とは異なり、基本的かつ本質的な知識が身についているかを確認する文章題のみで、重箱の隅をつつくような、奇をてらった出題は少ない。これは、基礎的な知識がいかに大切か、そしてそれをきちんと深く理解している人がいかに少ないかということを、よく表しているように思える。第1章は「基礎の知識」を理解し、確認していただくための内容となっている。「ナフサとは」、「石油産業と石油化学産業との違い」、「石化原料とは」、「国内相場とアジア相場との違い」…など、第2章以降で各テーマを深堀りする前に、ナフサや石化原料についての概説と、石化製品相場の仕組みについて、簡潔にまとめている。簡潔にしてしまうと重要な内容が短くまとまってしまい、生きた知識として吸収されないリスクはあるが、是非時間をかけて頭に残しておいてもらえると、第2章以降のより深い内容が頭に入りやすく、「そういうことだったのか」と納得できることも多くなるだろう。

1.1　ナフサとは

　ナフサは多くの石油化学品の原料となることから、石油化学品を取り扱う人間にとって多大な関心が寄せられている。しかし、ナフサはそもそも原油を原料に生産される石油製品の一種だ。そのため、ナフサを理解するために、石油の世界（考え方）についてある程度は知っておく必要がある。石油は様々な種類の炭化水素が液体になって集まっている状態を指し、天然に存在しているものは大きく分けると液体の原油と、ガス状の天然ガスがある。これらの天然資源は全て地中の奥深くに眠っており、自然に吹き出してくるものを除けば基本的に人間が掘り当てない限りは地表に出てくることはない。天然ガスは地中から採取される際に随伴して液体の油も噴出する。この液体の油のことをコンデンセートと呼ぶ。コンデンセートも含めれば天然の炭化水素にはざっくりと三つの種類があると言える。炭化水素は炭素（C）

表 1-1　炭化水素の分類と呼称

		常温常圧時	輸送時	比重	別称	オレフィン（二重結合を持つ）	
メタン	C1H4	気体	低温高圧	0.43	LNG、天然ガス	−	−
エタン	C2H6			0.55		エチレン	C2H4
プロパン	C3H8			0.58	LPG	プロピレン	C3H6
ブタン	C4H10			0.59		ブテン、ブタジエン	C4H8、C4H6
ペンタン	C5H12	液体	常温常圧	0.63		芳香族	
ヘキサン	C6H14			0.66		ベンゼン	C6H6
ヘプタン	C7H16			0.68		トルエン	C7H8
オクタン	C8H18			0.70		キシレン	C8H10
ノナン	C9H20			0.72	ナフサ※ コンデンセート※ ＝様々な種類の炭化水素が溶け込んでいる状態の軽質油 ※産地によって性状が大きく異なる		
デカン	C10H22			0.73			
ウンデカン	C11H24			0.74			
ドデカン	C12H26			0.75			

と水素（H）の結合体で、**表1-1**の通り、炭素の数で分類される。

　C1はメタン（CH4）と呼ばれ分子量の少ない炭化水素であり、常温常圧下ではガス状となる。そこから炭素の数が増えていくたびに分子量は増加。同時に比重も重たくなっていく。原油と呼ばれる油はC1〜C70程度の炭化水素の集合体（単体では気体、ガスとなるC1-4も溶け込んでいる）であり、天然ガスはC1-2の気体（ガス状）の炭化水素の集合体（ほとんどはメタンで構成される）となる。また、コンデンセートは構成される炭化水素はC1〜C20と原油より重質分が少なく、軽質な炭化水素油となる。地層の奥深くに存在する、この三つの天然の炭化水素を利用することにより、人間は産業革命以降、動力を石炭からさらにエネルギー効率の良い石油やガスへと大転換した。

　この三つの資源のうち、天然ガスはその発電効率の良さ（原子力を除けば最も効率が良い）から、そのまま発電所で燃焼することができる。加工する必要はほとんどない。一方、原油やコンデンセートは上記の通り、炭素数の異なる成分を包含している。生産量が圧倒的に多い原油はC1〜C70と実に様々な種類の炭化水素が溶け込んでいるほ

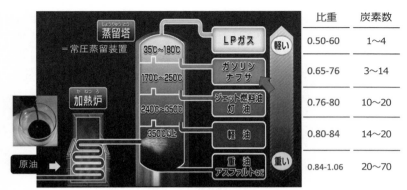

	比重	炭素数
LPガス（軽い）	0.50-60	1〜4
ガソリン ナフサ	0.65-76	3〜14
ジェット燃料油 灯　油	0.76-80	10〜20
軽　油	0.80-84	14〜20
重　油 アスファルトなど（重い）	0.84-1.06	20〜70

出所：石油連盟ホームページの図をベースに筆者にて追記

図 1-1　製油所における常圧蒸留装置（トッパー）の仕組み

か、地中に含まれる硫黄や窒素化合物など様々な不純物を含有していることから、工場で精製（Refine）することが必要となる。この精製工場のことを製油所（Refinery）と呼ぶ。

　製油所ではまず常圧蒸留装置と呼ばれる装置で原油を 400 度弱まで加熱した後、蒸留点（沸騰して気体になる温度）の違いを利用し、重質留分から軽質なガスの留分まで各層に分離する。**図 1-1** に示す通り、最も蒸留点が高い重油やアスファルトは 350 度を超える高温環境下でも液体となるため、蒸留塔の底辺（ボトム）から得られる。ここではほとんどの炭化水素は気体となることから一つ上の階へと自動的に移行する。そこでは温度条件が緩和され 300 度弱となり、軽油と呼ばれるディーゼルエンジンの燃料として使用される要素が得られる。このように、温度条件が階層ごとに分かれて、段階的に低温となっていくことにより、蒸留点が異なる炭化水素を段階的に抜き去ることができる。これにより、これまで玉石混合となっていた原油を構成する炭化水素を蒸留点の違いによって比重が軽いものから重いものまで、別の言葉で言い換えれば炭素数の少ない化合物から多い化合物まで分離することが可能となった。この常圧蒸留装置のことを、製油所の最初の工程でトップに位置することから、トッパー（Topper）と呼んでいる。イメージがつきにくいことから、写真も参照されたい。蒸留塔の底部

から上部まで層に分かれ、それぞれの層で液体となった留分を取り出すためにパイプラインが出ているのがわかる。

コスモ石油千葉製油所　トッパー

　こうして得られる炭化水素のうち、常温常圧下で気体となるのがC1〜C4の炭化水素で、C1-C2は都市ガスや工場で使用される大量の電気や蒸気を作るための燃料ガスとして、C3-4はLPGと呼ばれ、LPガスとして炊事やタクシーの燃料向けに出荷される。一方、液体は石油会社にとって目的生産物であるガソリンやジェット燃料、灯油、軽油などが得られ、ナフサはその中で最も軽い液体の留分となる。石油会社にとってはガソリンが最も生産量が多く、利益を稼ぐ製品となる。ナフサとガソリンは近似した留分で、ガソリンに混ぜきれない軽質な液体の炭化水素をナフサとひとまとめにして呼んでいる。ナフサは常温常圧下において液体となる最も軽質な油であり、さらに軽質化するともはやガス状のLPGの領域となる。工場の事務所で突然刺激臭がした際、ナフサのサンプルを持った担当者が自分の席の後ろにい

たことを思い出す。ナフサは常温環境下でもほっておくと溶け込んでいた軽質留分（C1〜2）が揮発していくことから、すぐに部屋に臭いが充満する。ナフサが「揮発油」と言われるゆえんだ。

　話がややそれたが、ナフサは石油会社にとっての副産物であるという点をおさえておきたい。よくナフサの市況が悪化（原油との値差が大幅に縮小）して製油所は減産しないのかといった質問が寄せられるが、ナフサに関してはほとんど製油所のマージン（採算性）に影響しないと言っていい。当然その影響はゼロではないが、あくまで製油所の稼働率を決めるのは目的生産物であるガソリンなどの石油製品となる。というのも、液体の石油製品の価格は**表 1-2** に示す通り、ナフサは最も安く、製油所からすればできる限り生産量は減らしておきたいものだからだ。また、ガソリンにならない軽質油がナフサであることから、ガソリンの需給や価格とは無関係でいることはできないという点もおさえておきたい。

表 1-2　石油製品の価格一覧（2020 年 3 月 6 日時点）

	ドル／バレル
ナフサ	52.8
ガソリン	63.2
ジェット燃料	64.4
灯油	67.7
高硫黄重油	42.2

　なお、なぜこのガソリンにならない軽質炭化水素油のことを「ナフサ」と呼ぶようになったのか。諸説あり断定できないが、それらの説で共通しているのは、製油所が出現し現在のような定義付けがなされる前は、ナフサは広く液体の化石燃料のことを総称していたということだ。ペルシア地方では原油のことを「naft」と呼んでいたことや、古代ギリシア語やラテン語では、ナフサは広く火事場で使用される燃料（ロジン）のことを指していたことからも、現在から比べるとかなり広義の液体燃料という意味で使用されていたことが伺える。産業革

命以前において製油所は存在していないことから、現在のように石油をその留分に分けて呼ぶことはなかった。しかしその後、19世紀後半になると第2次産業革命に伴い、製油所が欧米を中心に立ち上げられ、原油と各石油製品の定義付けがなされた。原油から取り出して一番比重が重い留分を重油（Fuel Oil）、そして工業化において動力源を担ったディーゼル油（ディーゼルエンジンを発明したディーゼル氏の名前をそのまま使用、軽油）、照明用途の灯油（Kerosene）、自動車燃料用途のガソリン（Gasoline）など、それぞれの用途に分けて燃料油を命名し生産していった。一方、この軽質炭化水素油は目的生産物ではないことから、新たな名前がつかず、古来からあるナフサという言葉をとりあえず適用した後、旧来の意味は時の流れによってそぎ落とされ、この軽質炭化水素油に対する固有名詞としての「ナフサ」へ転じたのではないかと推察する。

1.2　ナフサの種類

　ナフサと一口に言っても、製油所にとって余剰となる留分はその製油所の装置構成によって変わってくる。ここからは製油所の二次装置についても触れておきたい。二次装置というのは先に示した常圧蒸留装置（トッパー）に続く二次的な装置を総称しており、触媒流動接触分解（Fluid Catalytic Cracker＝FCC）装置や改質（Reformer、リフォーマー）装置が主な装置となる。トッパーだけでは得られるガソリンの量は限られるが、価値の低い重質油を原料に触媒を用いて接触分解（FCC装置）したり、重質ナフサを原料に触媒を用いて改質（リフォーマー）することにより、ガソリンをより多く生産することが可能となる。製油所は二次装置を経由することにより、より多くのガソリンなど付加価値の高い目的生産物を得ている。この二次装置の構成は製油所によって様々であり、当然、不要となるナフサの性状は異なってくる。また、そもそも常圧蒸留装置（トッパー）で処理する原油にも多様な種類があり、軽質なものから重質なものまで様々だ。原油の産地

表 1-3　原油、コンデンセートの産地別比重比較

	呼称	国名	API 比重	比重 (60/60℃)
コンデンセート	ビンツル	マレーシア	65	0.72
	ノースウェストシェルフ	オーストラリア	61	0.74
	WTC（ウェストテキサスコンデンセート*1）	米国	59	0.74
原油	WTL（ウェストテキサスライト*2）	米国	48	0.79
	サハラ	アルジェリア	45	0.80
	マーバン	UAE	40	0.82
	WTI（ウェストテキサスインターミディエート）	米国	40	0.83
	BRENT（ブレント）	イギリス、ノルウェー	38	0.83
	アゼリライト	アゼルバイジャン	35	0.85
	アラビアンライト	サウジアラビア	33	0.86
	ウラル	ロシア	32	0.87
	ドバイ	UAE	31	0.87
	アラビアンミディアム	サウジアラビア	30	0.88
	アラビアンヘビー	サウジアラビア	28	0.89
	オリエンテ	エクアドル	24	0.91
	マヤ	メキシコ	22	0.92

［注］API 比重は小数点以下四捨五入、比重（60/60℃）は小数点第三位を四捨五入
　　＊1 イーグルフォード鉱区から生産される天然ガス随伴液（コンデンセート）
　　＊2 パーミアン鉱区から生産される軽質シェールオイル

による違いは**表 1-3** に示した通り。0.13 も比重が異なるのは石油化学の世界でいえば、低密度ポリエチレンとポリスチレンの比重差に匹敵しており、全く別の化合物となる。いかに産地によって性状が異なるか、おわかりいただけるだろう。当然、処理される原油が軽質原油なのか重質原油なのかによって、ナフサの生産量も変わってくる（軽質原油の方がナフサの生産量は多くなる）。このように、製油所における二次装置の構成や処理する原油の種類によってナフサの品質は変わってくる。**表 1-4** に示す通り、原油ほどではないがナフサにおいても積地（製油所）によって品質に違いが生じる。比重の違いはナフサに含

表1-4　積地やグレードによるナフサ性状の違い

	呼称　＊1	国名	比重	パラフィン（%）
ライトナフサ パラフィン 86%以上	A180	サウジアラビア	0.66	90
	ADNOC C5＋	UAE	0.66	91
	KPC ライト	クウェート	0.66	93
	エスオイル	韓国	0.66	89
	カクタス	メキシコ	0.66	91
フルレンジナフサ パラフィン 78%－85%	サスレフ	サウジアラビア	0.69	81
	ADNOC LSW	UAE	0.70	79
	KPC フルレンジ	クウェート	0.67	86
	B210	バーレーン	0.70	78
	コチ	インド	0.69	81
	ピスコ	ペルー	0.69	83
オープンスペック～ ヘビーナフサグレード パラフィン 63%－77%	ナラヤ	インド	0.71	70
	シッカ	インド	0.68	80
	ビザク	インド	0.72	62
	モングスタッド	ノルウェー	0.69	68
	テュアプセ	ロシア＊2	0.71	63
	ワニノ	ロシア＊3	0.71	66

［注］＊1 呼び方は積地の場合、サプライヤーのブランド名、製油所の名前など様々で
　　　　あるが、業界で呼ばれている名称で記載する
　　　＊2 黒海沿岸
　　　＊3 極東ロシア

まれる炭化水素の構成（C1～C15）の分布によって変わる。溶け込ん
でいる炭化水素のうち分子量が大きい C8 以降のものが多ければ比重
は重質となる。反対に分子量が小さい C5 が多く入っているようなナ
フサは軽質となる。軽質ナフサはパラフィンと呼ばれる飽和炭化水素
の集合体を多く含むことから、エチレンやプロピレンなど（C1～C4）
が多く生産される。一方、重質ナフサはパラフィンが少なくなり、代
わりに環状構造を持つナフテンやアロマを多く含有するため、アロマ
やラフィネート（C5～C8）が多く生産される。

1.3　石油産業と石油化学産業の違い

　石油産業は原油を原料として、いかにガソリンなどの目的生産物を多く生産するかという点に力点を置いている。また、原料から製品の販売まで基本的に容量が基本となって取引されている。世界のどのガソリンスタンドでもグラム（重量）で販売をしている製品はない。バレルやリットルなど容量がベースである。石油産業は 1 キロリットルの原油を製油所にて処理することにより、不純物を除去したうえで、より多く（例えば 1.2 キロリットル）の石油製品を生産する。いわば「かさまし」することが石油産業の利益の源泉となっている。一定の容量を使用して燃料としてのスペック（燃焼エネルギー、燃焼温度、粘度、蒸留点など）が満足されれば、基本的に何を混ぜても OK であるのが石油の世界だ。燃料としてのスペックを満たす限りにおいて、様々な種類の炭化水素が混ざっていることになる。一方、石油化学は単一の分子構造のモノが基本となり、重量商売となる。ポリエチレンであれば、微量に含有される添加剤を除けばポリエチレン以外の分子構造のものが物質の中に入ることはない。その物質の同一性が石油化学には求められる。また、容量ベースにしてしまうと、石油化学製品は気体か液体かによって容積が異なる（ガス状のエチレンは気体では容量が膨らむが、液体では凝縮され容量が小さくなる）ことから、公正な取引ができなくなる。そのため、石油化学は重量ベースでの商売となる。

　この石油産業と石油化学産業との違いはナフサ価格の数量単位によく表れている。ナフサは石油と石油化学の中間に位置する。石油から見ればただの副産物である一方、石油化学にとっては製品の主原料となる。アジアのナフサ相場は 1 トン当たりの価格が査定されており、重量がベースとなっていることから、石油化学の論理で設定されている。一方、国産ナフサ価格は 1 キロリットル当たりの価格となっており、容量で取引されることから、石油の論理が強いと言えるだろう。国産ナフサ価格がキロリットル（容量ベース）となった背景は、元々、

石油会社が石油化学会社に取引価格前提を通達していた史実に関係している。その点は第2章にて詳しく説明するとして、ここでは取り急ぎ石油産業と石油化学産業との本質的な違い（容量と重量）についておさえるまでとしたい。

1.4 石油化学の出発点

　続いて、石油化学の世界へと視点を移すことにする。まずは石油化学（石化）原料と石油化学製品との違いについて触れておきたい。石化原料は「石油化学品の原料」という広い意味を持つ言葉の略語で、ナフサも当然石化原料の一つとなるが、本書ではナフサから生産される一次誘導品（エチレン、プロピレンなど）のことを石化原料と呼ぶこととする。図1-2 に示す通り、ナフサを分解（クラッキング）することによって二重結合を持つ炭化水素（オレフィン、C2-C5）や、ベンゼン環と呼ばれる環状の結合体を持つ炭化水素（アロマ、C6-C8）が得られる。この二重結合やベンゼン環を持つ炭化水素を原料に、様々な石油化学製品が生産される。このナフサから最初に生産される一次誘導品の炭化水素のことを、石化原料と呼ぶ。この石化原料を重合したり、化学反応を経ることにより、機能的な特徴を持った石油化学製品が生産されていく。いわば石油化学の出発点となる。

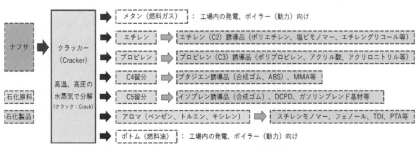

図1-2　ナフサクラッカーの概要

　ナフサから石化原料を生産する装置が、クラッカーと呼ばれる装置
だ。クラッカーとは分解を意味する英語の「クラッキング」から由来
しており、文字通りナフサを分解する装置で、日本では太平洋ベルト
地帯を中心に、西は大分県大分市から東は茨城県鹿嶋市まで、11基
の装置が稼働している。前述の製油所にあるトッパーとは異なり、油
を常温常圧下で温度を上げるだけではなく、800度以上の高温環境の
炉の中に約5cmのチューブを通し、そのチューブの中をナフサと水
蒸気を高速で通過させる（0.8〜1.0秒程度）ことにより、分解する。
分解ガスはその後蒸留点の違いによって分留され、それぞれの構成要
素へと分けられ（分留され）ていく。クラッカーは大きな箱が横に並
び、その中をチューブが通ることで分解する装置となる。写真に示し
たのは日本最大の生産能力を保有する京葉エチレンの装置（エチレン
生産能力＝69万トン/年定修年ベース）だが、箱型に並んだ部分がク
ラッカーということになる。

　ナフサは**表1-4**に示した通りそのほとんどがパラフィンと呼ばれる
飽和炭化水素により構成される軽質油だ。ナフサにも様々な種類があ
るが、このうちライトナフサとフルレンジナフサがクラッカー向け原
料ということになる。オープンスペックナフサやヘビーフルレンジナ
フサも分解することは可能だが、パラフィンが少ないためオレフィン
の得率が下がることから、使用されるケースは少ない。軽質ナフサに
含まれる中心的な炭化水素は炭素数が4〜8程度であるため、炭素数で
考えると、クラッカーで分解することで生産される製品の中心はC2
〜C6へとより軽質化することになる。飽和炭化水素とは**図1-3**に示
す通り、炭素（C）の周りに水素（H）がびっしりと結合され、これ
以上反応しづらい状況（飽和した状況）にある炭化水素を指す。

日本最大のナフサクラッカー（京葉エチレン）

$$C + H = C_nH_n$$
炭素　　　水素　　　炭化水素

```
    H
    |
H - C - H    CH4
    |
    H         メタン
```

```
    H   H                    H         H
    |   |                     \       /
H - C - C - H    C2H6          C = C          C2H4
    |   |                     /       \
    H   H         エタン      H         H      エチレン
```

```
    H   H   H                        H - C - H   C3H6
    |   |   |                        |
H - C - C - C - H    C3H8        C = C
    |   |   |                    |
    H   H   H         プロパン    H           プロピレン
```

```
    H   H   H   H                        H
    |   |   |   |                        |
H - C - C - C - C - H    C4H10    H   H - C - C - H   C4H8
    |   |   |   |                 \      |   |
    H   H   H   H         ブタン   C = C  H   H       1-ブテン
                                 /      |
                                H       H
```

図1-3　飽和炭化水素と不飽和炭化水素との関係

　ナフサをトッパーのように蒸留点の違いで分けるだけでは、エタンやプロパンといった飽和炭化水素しか得られず、その先更なる反応を起こすのは困難となる。しかし、クラッカーは高温高圧な環境下で蒸気と共に分解することにより、炭素の結合をより強固なものにさせることができる。ただ単に、分解するのではなく別の分子構造のものを生み出すことができるということだ。二重結合を持つ炭化水素は C2 であればエチレン、C3 であればプロピレンと名称が変わる。また、

分子構造は水素（H）の数が少なくなり、飽和状態ではなくなる。そのため、これらは不飽和炭化水素と呼ばれる。物質としての安定性は低下するものの、不安定であるからこそ、他の炭化水素と反応することは容易となる。エチレンであればそれ同士で反応（重合という）させ、何万個ものエチレンの鎖を形成することにより、ポリエチレンとなる。エチレンは分子量が小さく比重が軽いことから常温常圧下では気体（ガス）だが、何万もの数を重合することにより、分子量は増加。同時に比重は重質化し、パウダー状の個体となる。また、炭素（C）の数が異なる不飽和炭化水素と反応させて新しい分子構造の物質を得ることも可能だ。例えばエチレンとベンゼンを反応させればスチレンモノマーになるといった具合に、様々な有機合成が可能となる。このように、クラッカーの本質は、物質的に安定的な飽和炭化水素から不飽和炭化水素へと変貌させることにある。ここから長く広範に化学反応の連鎖が続いていき、バリューチェーンが形成される。また、二重結合を持つ不飽和炭化水素のことをオレフィンと呼び、そのうち環状のベンゼン環を持つ炭化水素のことをアロマと総称している。なお、日本ではエチレンクラッカーという名前で呼ぶ人が少なからず存在するが、エチレンをクラッキング（分解）するわけではないので、この表現は正しいとは言えない。海外では蒸気を使って分解する点を引き合いに出し、スチーム（蒸気）クラッカーと呼ぶケースや、原料名＋クラッカーというかたちでナフサクラッカーやエタンクラッカーと呼ぶケースが多い。ここまで様々な用語が飛び交ってしまったが、**表1-1**を見ながら、イメージを膨らませてほしい。

　このように、ナフサクラッカーが石化原料、ひいては石油化学の主要な出発点となるが、その他の道も大きく分けて六つある。

1. ナフサクラッカーの装置でガスを分解する
2. 飽和炭化水素を脱水素（水素を抜き出す）ことで不飽和炭化水素を直接生産する（PDH 装置：Propane DeHydration 装置、プロパンからプロピレンを生産）
3. メタノールから生産する（MTO：Methanol To Olefin 装置）

4. 石炭から水素と一酸化炭素の合成ガスを得たうえで、そこから
   メタノールを合成し、3と同じく生産する（CTO：Coal To Olefin
   装置）
5. 製油所の二次装置の一つである流動触媒接触分解（FCC）装置
   から副産する
6. 同じく製油所の二次装置である重質ナフサ改質装置（リフォー
   マー）から副産する

　一つ目は、同じクラッカーの装置でガスを分解するという道だ。エ
タンやプロパン、ブタンといったガス原料をクラッカーで分解するこ
とができる。ただし、その原料の炭素数を超えるものは得られず、軽
質なものしか得られない。エタンであれば、メタンとエチレンが主に
生産され、プロパンであればメタンとエチレンとプロピレンといった
具合だ［**表1-1**（4ページ）を参照されたい］。しかし、ナフサを分解
するよりも温度条件は引き下げることができ、生産に必要なエネル
ギーコストは低減できる。二つ目は、飽和炭化水素を脱水素（水素を
抜き出す）ことで不飽和炭化水素を直接生産することができる。これ
は主にプロパンからプロピレンを生産するプロパン脱水素（Propane
Dehydration＝PDH）装置がメインとなる。三つ目は、メタノールか
らオレフィンを生産するMTO（Methanol To Olefin）装置だ。メタ
ノールを原料に、触媒を用いてオレフィンを含む合成ガスを生産、分
留してオレフィンを得る。そして四つ目は、石炭から水素と一酸化炭
素の合成ガスを得たうえで、そこからメタノールを合成。以降はMTO
のプロセスを経てオレフィンを得る方法だ。石炭からMTOを通じて
最終的にオレフィンが得られるので、CTO（Coal To Olefin）と呼ば
れる。ここまでの四つのプロセスは全て石化原料が目的生産物となっ
ている生産方法となる。いわば石化原料を得るために作られた装置と
いうことだ。
　五つ目以降はナフサのように副産物（byproducts）として石化原料が
生産される方法となる。一つ目が、製油所の二次装置の一つである流

動触媒接触分解（FCC）装置から生産されるプロピレンだ。FCC 装置はトッパーから出てくる灯油やディーゼル油に近い比較的な重質な油から、ガソリンを生産する装置で、プロピレンはその副産物として生産される。そして最後に、FCC 装置と同様に製油所の二次装置である重質ナフサ改質装置（リフォーマー）だ。これはガソリンの要求性状であるオクタン価が低い重質ナフサ（**表 1-4** で示したヘビーフルレンジナフサや、さらに重質なヘビーナフサがこれに当たる）から、より高オクタンのガソリンへと改質する装置だ。ガソリンに改質するなかで、ベンゼンやトルエン、キシレンなどのアロマ留分が多く副産される。

　石化原料はナフサクラッカー由来の生産が最も多い一方、近年は上記 1～4 つ目のプロセスのようにナフサ以外の原料から生産される数量が増加しているほか、製油所の二次装置が多く増強されたことにより、5～6 つ目のプロセスのように副産物として生産される数量も増加している。ナフサは石油と石油化学との主要な結合点であり、ナフサクラッカーが石油化学のメインの出発点であることに変わりはないが、それ以外の原料や装置からも石化原料が生産されるケースもあるという点はおさえておきたい。とはいえ、全ての工程を理解するには煩雑であり、時間を要する。そのため、自分のビジネスに関係のある製品を軸に、一つひとつ理解していくことをお勧めする。

1.5　石油化学品の価格の仕組み（日本）

　ナフサ、石油化学の出発点までその概要を把握したところで、次は石油化学品の価格について概説したい。石油化学の価格決定のカギを握るのは、日本では国産ナフサ価格となる。2000 年代に入って、一部の石化原料に対してアジア相場が適応されるケースも存在しているが、未だに大部分は国産ナフサ価格が前提となっている。国産ナフサ価格の変動に従って、価格も上下する仕組みで、製品の需給とは関係なく決定される。国産ナフサ価格はナフサ：Naphtha の頭文字を取っ

て、N（エヌ）と略称して呼ばれている。エチレンやプロピレンおよびその誘導品（ポリエチレン、ポリプロピレンなど）はこのNを2倍した価格をベースに変動するが、この価格決定方式のことを2Nリンクと呼ばれている。一方、C4、C5、アロマはナフサ重量ベースで変動することから、N重リンクを呼ばれる。なお、「第2章国産ナフサ価格とナフサフォーミュラの歴史」において石油化学品がNにリンクするようになった背景について詳しく解説する。ここでは「そういうものなのか」というかたちで、一旦鵜呑みにしたうえで読み進めていただければ幸いだ。それでは、このNリンクがどういったものか、以下の通り例を示していきたい。

ポリエチレン価格：180円/kg（N＝50,000円/KL）

このポリエチレンは国産ナフサ価格が5万円/KLの前提で180円/kgということがわかる。ここからコスト分として以下の通り価格を分割することができる。

50,000円/KL（N）×2÷1000＝100円/kg

ポリエチレンはエチレンを重合することにより生産されるが、このエチレン生産にかかるコストが100円/kgということになる。つまり、180円/kgから100円/kgを差し引いた80円/kg分が、ポリエチレンを生産するコストも含んだ、製品の付加価値ということになる。なお、なぜエチレンやプロピレンの場合、2N（国産ナフサ価格を2倍）となるのかという点についても次章で詳説する。また、最後に1000で割るのは単位を合わせるためで、1キロリットルは1,000リットルとなり、リットルがキログラムと対応する単位である（キロリットルはトンと対応する）ことから、1000で割り戻す必要がある。

もしこの後、Nが4万5,000円/KLへと5,000円値下がりした場合、

このポリエチレン価格は次のように価格が変動する。

$$180 - (50,000 - 45,000) \times 2 \div 1000 = 170 \text{ 円/kg}$$

N が 5,000 円/KL 値を下げると、キログラム換算で 10 円の値下がりとなる。このように N の変動幅を 2 倍し、1000 で割り返した数値に従って価格改定が実施されていくのが、エチレン、プロピレンおよびその誘導品の値決め方法となる。そして 80 円/kg の製造コストおよび付加価値見合いはナフサ価格がいくらになっても変動しない、サプライヤーにとってのマージンの源泉ということになる。

次に、プロピレンよりも比重が重い C4 以降の製品（C4〜C8）は以下の通りとなる。

トルエン（C7）価格：100 円/kg（N＝70,000 円/MT）

このトルエンは国産ナフサ価格が 7 万円/MT の前提で 100 円/kg ということがわかる。ナフサ重量ベースとなることから、単位は MT（Metric Ton の略称、メトリック法トン）が基本となる。重量（MT）ベースのナフサ価格は、容量（KL）ベースと共に公表されることから、入手するのに手間はかからない。ここでも以下の通りコスト分を切り分けることができる。

$$70,000 \text{ 円/MT （N）} \div 1000 = 70 \text{ 円/kg}$$

トルエンはナフサを原料に生産されるが、ナフサのコスト見合いがキログラム当たり 70 円となる。つまり、30 円/kg 分がベンゼンとしての付加価値ということになる。

もしこの後、N が 6 万 5,000 円/MT へと 5,000 円値下がりした場合、

このトルエン価格は次のように変動する。

$$100 - (70,000 - 65,000) \div 1000 = 95 \text{ 円/kg}$$

N が 5,000 円/MT 値を下げると、キログラム換算で 5 円の値下がりとなる。このように N の重量等価分の変動に従って価格改定が実施されていくのが、C4 以下の誘導品の値決め方法となる。そして 30 円/kg の付加価値部分はナフサ価格がいくらになっても変動しない、サプライヤーのマージンということになる。ただし、ブタジエン（C4）やベンゼン（C6）、パラキシレン（C8）は、国内取引であってもアジア相場を採用するケースが増えてきている。アジア相場については本章後述の石油化学品の価格の仕組み（世界）の項（1.7 項）で解説する。

　例外こそあれ、国内の石油化学品の多くはこのように「原料コスト＋製造コスト＆付加価値」という価格設計となっている。この原料コストは N の価格が変われば、それに応じて変動する。そのため、総称して「N リンク」と呼ばれている。ここからは N リンクの種類を列挙していきたい。

（1）厳格な N リンク　〜ナフサフォーミュラ〜

　ナフサフォーミュラは上記のような N に応じた変動を四半期ごとに機械的に繰り返していく値決め方法を指す。2004 年以降、中国を中心とした新興国の原油需要の増加に伴い、原油が上昇。ナフサ価格が断続的に上昇したことを背景に、国内のサプライヤー主導で普及された。このやり方には取引を始める際に、初期設定として期ズレを 0 カ月から 4 カ月（これよりさらに期ズレが長い取引も存在する）までで設定させる必要がある。期ズレとは業界用語で、石油化学品の販売前提となる N と、実際の N との適用期間の違い（ズレ）の意味。例えば期ズレ 0 カ月だと 4 月 1 日から 6 月 30 日までの石油化学品の取引に対し、4−6 月（2Q）の N が適用となる。価格前提として適用する N と取引

表1-5　取引月と国産ナフサ価格の期ズレとの関係

取引月		期ズレ0カ月	期ズレ1カ月	期ズレ2カ月	期ズレ3カ月	期ズレ4カ月	期ズレ5カ月
1Q	1月		前4QのN			前3QのN	
	2月	当1QのN		前4QのN			前3QのN
	3月		当1QのN		前4QのN	前4QのN	
2Q	4月			当1QのN			前4QのN
	5月	当2QのN			当1QのN		
	6月		当2QのN			当1QのN	
3Q	7月			当2QのN			当1QのN
	8月	当3QのN			当2QのN		
	9月		当3QのN			当2QのN	
4Q	10月			当3QのN			当2QのN
	11月	当4QのN			当3QのN		
	12月		当4QのN	当4QのN		当3QのN	当3QのN

［注］N＝国産ナフサ価格

期間がマッチしているので、ズレはない（ゼロ）ということになる。一方、期ズレ3カ月の場合、7月1日から9月30日まで4-6月（2Q）のNが適用となり、3カ月分価格変動が遅れることになる。**表1-5**に、Nと期ズレとの関係を示したので参考にされたい。

　Nが確定する（速報という意味で）のは2Qであれば7月末となることから、期ズレ0カ月から3カ月の場合は仮価格で価格を設定し、7月末に価格が確定後に仮価格と実際のNとの値差を精算することが必要となる。価格改定と精算処理まで必要であり、通常よりも事務処理に労力を費やす格好となる。逆を言えば、期ズレ4カ月およびそれよりも長い期ズレであれば、Nが確定しており、精算の必要はない。このナフサフォーミュラの特徴は、初期設定だけであとは半永久的かつ自動的にNの変動見合いで特定の期日に上下していくという点だ。毎回ナフサが変動する度にサプライヤーと需要家の間で交渉する手間を省くことができるが、便利な分、もしくはそれ以上に弊害を抱えることになる。これは第4章で論じるとして、ここでは概要を理解しておきたい。

(2) 都度決めナフサリンク　〜都度交渉ベース①〜

　指定された期日にNの変動見合いで厳格に価格変動するのがナフサ
フォーミュラだった。都度決めナフサリンクは、Nのレベルや価格改
定時期について、その都度決める方式を指す。例えば、5月からNが
下落することが濃厚となった場合、需要家とサプライヤーとの間でN
の前提価格および価格改定時期について交渉を進め、「5月15日付で
N前提4万5,000円/KL（▼5,000円/KL）へ引き下げ」など、都度交
渉して決めていく。実際のNがこの前提価格とは異なっても、つまり
高かったり低かったりしても精算は実施されないため、その値差（損
得）は次回の交渉材料として使用される。これまでは都度決めナフサ
の前提価格が実際のNに比べて低かったので、早めに値上げをする、
ないしは値下げ幅を抑えるなど、都度交渉で決定されることとなる。こ
の方式は最も古くから採用された方式であり、サプライヤーと需要家
が面と面を向き合って交渉をすることから労力は要るものの、ある程度
フレキシブルに前提を調整することができる。例えば製品の需給が緩
かったり、輸入品が安かったりして、需要家からの値下げ圧力が強い
場合はナフサ前提を低めに設定できるし、反対に製品の需給が引き締
まっていたり、輸入品が高かったりして、サプライヤー優位のマーケッ
トとなっている場合は、ナフサ前提を高めに設定できる。こうした取引
条件の柔軟性を理由に、現在もこの方式を採用している企業は多い。

(3) 都度決めFIXナフサ　〜都度交渉ベース②〜

　値決めの方法は前述の（2）都度決めナフサリンクと同様だが、こ
ちらのケースの場合はNが決定する前に四半期のN前提を決め、そ
の後精算しないというリスクの高い方式。例えば4−6月（2Q）の価
格前提を3月20日頃にサプライヤーと需要家との間で交渉し決定し、
4−6月いっぱいその前提で取引を実施。実際Nがそのレベルから上
がっていようがいまいが精算をしない。これは4−6月の原料単価を
FIX（固定化）させたい需要家の強い意向から始まったもので、サプ

ライヤー側は大きなリスクを抱えることになる。（2）都度決めナフサ
リンクは、N の変動がほぼ確定してから価格前提を決定する。一方、
このやり方は N の変動幅が確定するかなり前に、四半期分の前提を
固定化させてしまっている点で、（2）よりもサプライヤー側のリスク
の高い決定方法と言える。

　この三つの形式が国内の石油化学品の価格決定における基礎となる。
大事なポイントは初期設定でコストと付加価値をロック（固定）すれ
ば、後はナフサの価格のみによって変動していくという点だ。都度決
めナフサリンクでは製品の需給についても勘案されるものの、価格の
構造そのものはナフサの変動のみに左右され、製品の需給とはほとん
ど関係がない仕組みとなっている（特に（1）ナフサフォーミュラ）。

1.6　国産ナフサ価格とは

　これまで何度も登場してきた N（国産ナフサ価格）について、どの
ようにして決定されるかその概要を解説しておきたい。より詳細な価
格の仕組みは第 3 章にて解説するので、ここではポイントだけに抑え
ることとする。国産ナフサ価格とは、以下のフォーミュラによって決
定される価格だ。

日本の輸入平均単価（MOF 価格、円/KL）＋2,000 円/KL

＝国産ナフサ価格（N）

日本の輸入単価に 2,000 円を足した価格が N となる。この 2,000 円を
足す前の輸入単価のことを MOF 価格と呼ぶ。MOF とは財務省の英
文表記「Minister of Finance」の頭文字を取ったものだ。日本の輸入
価格は財務省が毎月月末に発表する貿易統計で算出することができる
ことから、そのように呼ばれている。例えば、2019 年 3 月の MOF 価
格は以下のように計算される。

輸入金額（89,009,252 千円）÷輸入数量（2,240,274KL）＝39,731 円/KL

≒39,700 円/KL（十円以下四捨五入）

単月毎に MOF 価格は公表される。公表されるタイミングは翌月末頃で、財務省貿易統計のホームページにアクセスすれば誰でも確認できる。なお、四半期の N は 3 カ月分の輸入金額を同じく 3 カ月分の輸入数量で割り戻して算出され、例えば 2019 年 4−6 月（2Q）の N は以下の通りとなる。

2019 年 4−6 月輸入金額（257,093,162 千円）÷

4−6 月輸入数量（5,928,963KL）＝43,362 円/KL

≒43,400 円/KL（十円以下四捨五入）＋2,000 円/KL ＝45,400 円/KL

　このように、N とは日本の輸入金額によって変動する。自国のナフサの輸入価格によって石油化学品の相場が決定されるのは日本だけであり、この点は特筆すべきだろう。このように日本の石油化学品が輸入ナフサ価格に連動するようになった背景は次章で解説していくこととして、参考までにこれまでの国産ナフサ価格の系譜を**図1-4**に示す。2020 年 3 月時点で、最高値は 2008 年 7−9 月の 85,800 円/KL となっている。2004 年を境に変動が激しくなっていることがわかる。

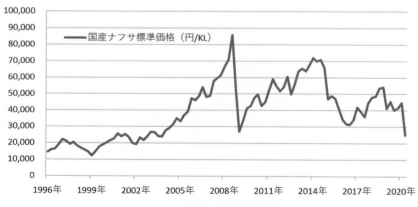

図1-4　国産ナフサ価格推移

1.7 石油化学品の価格の仕組み（世界）

　これまで見てきた通り、日本国内の石化製品価格は主にナフサの輸入コストによって決定される。価格変動はコスト（ナフサ市況）で決定されることから、市場参加者はコストばかり気にしている。一方、世界に目を向けると、石化製品はそのトレードされるマーケットの価格によって決定される場合がほとんどだ。つまり、マーケットにおける成約価格が相場を決めるということである。相場は地域によって区切られる。欧州、米国、北東アジア（中国、台湾、韓国、日本）、東南アジア（インドネシア、タイ、マレーシア、シンガポール）といった具合に、大まかにそれぞれの地域に分かれて相場が存在する。その相場は原油やナフサのように、現物だけでなく先物で、だれでもいつでもオープンなマーケットで商売できるのかというと、残念ながらそのようにはなっていない。しかし、市場参加者が実際に取引した価格や大手のサプライヤーのオファー価格を参考に、情報会社がレポートした価格がその相場を形成している。つまり、日本以外の世界の相場は、ナフサと直接的には関係のない「実際のマーケットにおける成約レベル」を基に算出されているという点を踏まえておきたい。ではどのような要因によって相場は決定されるのだろうか？ここでは二つのパターンに分けてその決定方法について、解説したい。

　まずは、石化製品の原料となるエチレンやプロピレン、ベンゼンといった石化原料や、カプロラクタムやアクリロニトリル、スチレンモノマーなどの中間体（石化原料と石化製品の間の中間製品という意味）のマーケット。これらは基本的にユーザー側も石化製品（エチレンであればポリエチレン、エチレングリコールなど）であるということが特徴である。石化製品は、**図 1-5** に示した通り化学反応の連鎖によって生産されることから、石化原料や中間体の場合はそのほとんどがそのユーザーも化学メーカーとなる。このパターンを石化原料・中間体パターンと呼びたい。この相場は主に四つの要因から決定され

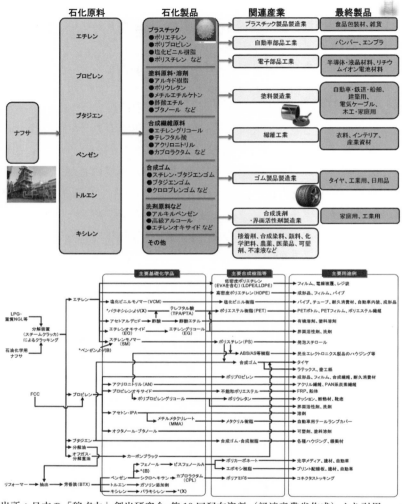

出所：日本の「稼ぐ力」創出研究会 第10回配布資料（経済産業省作成）より引用、一部改変

図1-5　石油化学のバリューチェーン

る。①需給環境、②原料のコスト、③生産者のマージン、④製品を使用する側の採算許容度（アフォーダビリティ）だ。需給環境はモノ余りの状態（供給過多）にあるのか、それとも不足した状態（需要過多）

にあるのか、それともバランスした状況にあるのかということが第一にポイントとなる。供給過多であればサプライヤー間の競争が激しくなり、相場は値下がりする。反対に需要過多であれば、限られたパイに買い手が集中するため相場は値上がりするというわけだ。この需給環境の影響が、製品相場の上下を決定する一番大きな要因と捉えていただいて結構だ。その他②〜④の因子である、原料のコスト、生産者のマージン、製品を使用する側の許容度については例を示して説明したい。ベンゼンを例に挙げる。ナフサ相場が100ドル上昇したとして、仮にベンゼンの相場が変わらないとすれば、ナフサの上昇分はベンゼンを作るメーカーの採算が悪化するかたちになる。当然、ベンゼンメーカーは値上げを打ち出すことから、仮に需給環境がこれまでと変わらなければ、ナフサが値を上げた分、ベンゼンのメーカーは値を上げていくことになる。100ドル分製品の値上げを実施することができれば、生産者の採算（マージン）は保たれる。このように、原料のコストが上昇した分は石化製品も値を上げると考えるのが自然だ。しかし、仮にこの間で需給が供給過多となっていた場合は、需要家に対する値上げが通らず、採算が悪化し減産を強いられることになる。では、需給が変化しなければ、いつでも原料分値を上げることができるかと言えば必ずしもそうではない。ベンゼンを使用する側のユーザー（スチレンモノマーやフェノールなど）がその価格では採算が取れない状況となれば、必然的に需要が後退してしまう。そのため、ユーザーの許容度（アフォーダビリティ）が低ければ製品相場はそれほど値を上げられないこともある。このように、石化原料・中間体パターンは化学反応の付加価値連鎖（チェーン）の中間に存在するため、相場を読み解くには原料相場のみならず、連産品の価値にも目を配る必要がある。

　石化原料・中間体パターンでは基本的にスポットで調達する会社も供給する会社も大企業である場合がほとんどだ。というのも、供給する側も使う側も大規模な生産装置が必要となるからだ。エチレンやプロピレンであれば保管するための冷凍設備が必要となるうえ、カプロラクタムやアクリロニトリルは毒劇物に当たる。ユーザーが在庫を保

管するために高圧ガス保安法や毒物及び劇物取締法に適合した管理体制、専用タンクが必要となるなど、保管するための設備を建設する費用は高額であることから、基本的に在庫を余分に保有したり、少なめに抑えたりする調整幅は少ない。そのため、センチメント起因で投機的に売り買いする余裕は少ない。結果として、相場を決定する因子のなかでは需給環境が相場の主な変動要因となる。同時に、相場の参加者は限定的となることから、相場はサプライヤーと需要家が交渉し妥結した価格をベースとすることが多い。成約価格が情報会社にわたり、それを基に相場が形成されるケースが多い（エチレン、プロピレン、ブタジエンがそれにあたる）。一方、供給するサプライヤーのうち特定の会社のシェアが極めて高いケース、例えばベンゼンやパラキシレンにおける ENEOS（エネオス；旧 JXTG エネルギー）などにおいては、最大シェアを握る会社と大口顧客が月に一度交渉をして決定する。これを ACP（アジア・コントラクト・プライス）と呼び、その他の会社もこの決着価格準用するケースがある。石化原料・中間体パターンではほとんどがコンビナートにおけるパイプラインでのやり取りとなることから、スポットで売りに出る玉は極めて少ない。そのため、全体で取引されるごく一部のスポット玉に付いた値段が、相場全体を決定してしまうきらいがある。

　二つ目のパターンは、石化原料から生産された合成樹脂など、石化メーカーからすると最終製品に当たるようなポリエチレンやポリプロピレン、ポリスチレン等のマーケットだ。いずれの製品もユーザーはそこからさらに石化製品を生産する化学メーカーというよりは、加工してフィルムや容器、シート、繊維等を生産する加工メーカーとなることから、さらに別の化学品へと合成するような一つ目のパターンの製品群とは明確に区別できる。これらのパターンを石化製品パターンと呼ぶ。石化製品相場は主に三つの要因から決定される。①需給環境、②原料のコスト、③センチメントだ。需給環境は、石化原料・中間体パターンと本質的には変わらない。合成樹脂生産装置の供給能力と需要とのバランスで決定される。次に原料のコストとセンチメントにつ

いては、例を示して説明したい。例えば代表的な合成樹脂の一つであるナイロン−6 はカプロラクタムが原料となるが、カプロラクタム相場が大幅に値を上げればナイロン−6 のメーカーは値上げをしない限り採算が悪化することから、値上げを実施し、相場は上昇する。需給環境に変化がなければ原料相場が上昇すればそれに連れ高となるのは自然だ。一方、2018 年から市場の不安材料となった米中間の貿易摩擦や、2020 年に猛威を振るった新型コロナウイルス（COVID-19）の感染拡大など、実体経済へのマイナス材料が意識されると、ユーザーとしては先行き不透明感から余計な在庫を持ちたくなくなる（＝購買意欲が引き下げられる）。そのため、需要が一時的に後退し、在庫の増加を嫌気したサプライヤーが売り急ぐことにより、相場が引き下げられることはしばしばある。このユーザーが持つ景況感をセンチメントと呼び、原料のコストと同様に重要な価格決定因子となる。これは石化原料・中間体のように在庫を余分に保有することが困難ではない、合成樹脂特有の考え方である（合成樹脂は特殊用途を除けば、安定して、多段で保管するためのパレットをレンタルしたうえで、樹脂の入ったフレコンバックにカバーを被せれば、野外でも保管できる）。つまり、石化製品はユーザー側が在庫水準をスイング（変動）させることができる余地が十分あることから、センチメントによる需要変動が大きいということだ。

　石化製品パターンでは、ユーザーの数が石化原料・中間体パターンに比べて圧倒的に多い。また、石化原料・中間体パターンのように一物一価ではなく、ユーザーの用途ごとに様々な種類のグレードが取引され、取引品目は同じ種類の合成樹脂でも英数字を用いることで一社につき 100 を超えるグレードに分別されている。そのため、名前は同じであっても、グレードによって価格も様々であることから、相場の基準価格の対象はどのサプライヤーも製造しているような汎用グレードが基本となる。その汎用グレードにおいてシェアが最も高い生産者が、需要家やディストリビューター（日本でいうと商社）へ販売する価格が相場の基準となる。一方、付加価値の高い特殊グレードにおい

ては競合が少なければ少ないほど、多くの当事者が参画するような価格決定の場（マーケット）はなく、需要家との相対取引で都度決定されるということになる。当然、マーケットにその取引価格の情報が流れることはない。汎用グレードの相場を決定するサプライヤーとは、例えばポリエチレンであればサビックなど中東サプライヤーのほか、エクソン、ダウなど欧米の大手サプライヤーとなる。オファー価格が相場に大きな影響を与えるサプライヤーは、オファーレベルについて合成樹脂の最大の輸入国である中国国内の相場の市況感を見たうえで決定することが多い。中国の需要家は中国国内のサプライヤーよりも輸入品があまりに高値であれば調達を手控える。中国国内相場よりもアジア相場が高値となれば、中国向けの成約数量が減少し、サプライヤーの在庫として売れ残ってしまう可能性があり、大概オファーは引き下げられる。このように石化製品パターンでは、アジア相場は中国国内相場と相互に連関していることが多い。

　日本を除いた世界の石油化学品の相場は、ナフサのコスト論でその大部分が決定されるのではなく、製品そのものの需給環境など、ナフサのコストには直接的に拠らない因子によって決定されていることが多い。この点は、「第4章石油化学製品の国内相場とアジア相場」へと読み進めるうえで非常に大切なポイントなので、頭の片隅においていただければと思う。これまで解説した日本や世界の石油化学品の相場決定因子を**表1-6**の通りまとめたので、参照されたい。

表1-6　石油化学品の価格の仕組み　まとめ

	国内の石化製品		海外の石化製品	
	価格前提	決定因子	価格前提	決定因子
石化原料及び中間体	国産ナフサ価格 ※石化原料及び中間体では一部アジア相場も反映	アジアナフサ相場（原油、クラックスプレッド）	アジア相場	①需給環境 ②原料コスト ③生産者のマージン ④製品のアフォーダビリティ
石化製品				①需給環境 ②原料コスト ③センチメント

第 2 章

国産ナフサ価格とナフサフォーミュラの歴史

　本章ではなぜ日本の石化製品が国産ナフサ価格にリンクするように
なったのか、その歴史について解説したい。国産ナフサ価格が現在の
ように日本の輸入価格にリンクするようになった理由や、それが石化
製品の値決めのベースになった背景を知ることは、まるでアプリオリ
（経験に先立って、無条件に付与される認識のこと）であるかのごと
く受け入れてきた現在の商慣習について深く理解することに留まらず、
将来あるべき姿を語るうえで必須と言える。

2.1　石化黎明期

　日本において石油化学産業が誕生したのは 1958 年のことだ。日本は
それまで米国や欧州から合成樹脂や合成ゴムなど、生活水準の向上や
産業発展に必要な石油化学品を輸入してきた。1955 年 7 月に通商産
業省（以下、通産省と呼ぶ。現在の経済産業省）が「石油化学工業育
成対策」をまとめ、輸入に頼っていた石油化学品を国産化する計画が
始動。3 年後の 1958 年、三井石油化学（現三井化学）が岩国（山口）
に、住友化学工業（現住友化学）が新居浜（愛媛）にそれぞれナフサ
クラッカーを建設し、日本における石油化学産業は第二次世界大戦敗
戦後 13 年を経て、重要な国の基盤産業の一つとして誕生した。その後、
表 2-1 に示す通り、瞬く間に新規計画が乱立。1963 年には早速ナフ
サが不足する懸念が高まり、ナフサの増産を迫る石化側と、ナフサと
いう副産物のためだけに製油所における原油処理を増やすことに難色
を示す石油側が対立する。

　石油産業もまだ成熟していないなか、通産省傘下の資源エネルギー
庁は石油会社に原油の輸入枠を与え、管理し、積極的に国内の需給を
コントロールしてきた。石油化学産業が誕生しナフサが不足する事態
を避けるため、ナフサ向けの出荷 1 に対して原油をその 2.3 倍量分必
ず処理するという特約を設けていた。現在では考えられない話かもし
れないが、当時の石油化学産業はまだ国策としての産業育成の観点か
ら、半ば国の庇護下にあった。国策としての石油化学の色合いは強く、

表2-1　石化黎明期のクラッカー新設計画

当時の社名	1959 年時点の エチレン生産能力 （トン／年）	立地	完成時期	1964 年時点の エチレン生産能力 （トン／年）
三井石油化学	20,000	岩国	1958 年	160,000
住友化学	12,000	新居浜	1958 年	103,500
三菱油化	22,000	四日市	1959 年	142,000
日本石油化学	25,000	川崎	1959 年	100,000
東燃石油化学	－	川崎	1962 年	83,000
大協和石油化学	－	四日市	1963 年	41,300
丸善石油化学	－	千葉	1964 年	44,000
三菱化成	－	水島	1964 年	45,000
出光石油化学	－	徳山	1964 年	73,000
合計	79,000		合計	791,800

　石油化学向けのナフサは石油産業にとっても特別扱いされていた。しかし、1962 年に原油輸入が自由化されると、ナフサ見合いでの原油輸入の特約は撤廃される。石油会社は石油製品（ガソリン、灯油、軽油など）の需給を引き締め、採算を改善させるため、装置の稼働を 8 割程度まで調整しナフサを減産した。ナフサの需要が大幅に増加することが見込まれるなか、石化側はナフサ不足への懸念を募らせた。そうした背景から、石化側は 1963 年 2 月に①ナフサ用原油を生産調整の対象からはずすこと、②ナフサの共同輸入を認めること、③石油化学業界に原油輸入をさせる等を通産省に要請した（＊1）。現在からすると、どれもかなり過激な要請だが、当時はそれだけ石化側に危機感があったことがわかる。これは当時「ナフサ問題」として報じられ、日本が初めて直面した石油産業と石化産業との間で軋轢となった。

　ところで、1962 年の原油輸入自由化と同時に、石油業法が施行された。これは国のコントロール下に置いてきた石油事業の一部を自由化することに伴い、石油製品相場に急激な競争原理が導入され価格が不安定化したり、需給バランスが大幅に変動したりすることで引き起こされる社会的混乱を避けるため、ある一定の規制や枠組みを設けるこ

とが主旨だった。国内の石油精製業者や輸入業者に対して届出・許可制を導入したほか、石油貯蔵設備の変更についても同様に国への届け出を義務付けた。さらに、石油の価格安定のために必要とされる場合や、エネルギーの安定的供給が損なわれると判断できる場合には、国が石油精製業者や輸入業者が販売する際の標準価格を決定することができるとした。それらを合議、諮問する機関として、通産省の傘下に石油審議会を置き、審査のみならず、関係者による利害調整が必要なテーマについて話し合われる機関が整備された。

　この石油業法で定められた石油審議会において、前述のナフサ問題は取り上げられ、初代会長となった植村甲午郎が1963年4月にあっせん案を石油、石化双方へ提示（＊2）。石油会社はナフサを前年実績分の数量は最低限供給したうえで、不足した場合、その分は原油をナフサの不足と同じ数量（1対1）輸入して精製するほか、それでもなお不足する事態となれば事業者間の融通で対応することで合意した。また、国産ナフサ価格についてそれまで明確な基準がなく、石化側の不満を買っていた部分についても、一律の標準価格として5,900〜6,000円/KLとすることを打診し、ひとまず1キロリットル当たり6,000円にて両者に受け入れられた。その後、ナフサの不足は慢性化したことから、石油会社は1964年にナフサの輸入を決断し、日本初の輸入ナフサを積載したタンカーが翌1965年、千葉港へ入着する。石化側は自身で輸入したい思いが強くあったものの、石油業法が施行され、輸入業を得るには実質的に通産省の許可が必要となっていた。係る許可を得ることは、自社の輸入設備や貯蔵設備がない石化会社にとり、実質的に不可能であった。

　輸入を増やしていた石油会社だったが、国内のナフサ需要はクラッカー向け以外においても増加していた。それは電力向けの需要だった。元々、硫黄や窒素化合物等の不純物が多く含有される原油や重油を炊いて発電していたが、四日市ぜんそくをはじめとした公害問題が契機となり、不純物が少ないナフサを積極的に使用し始めた。また、クラッカーの増設も止まらず、ナフサの需給をバランスさせるためにさ

らに輸入を増やす必要があった。こうして、ナフサ問題は石油、石化、電力業界を跨ぐ問題へと化した。今では到底考えられないが、ナフサの供給を確保するために製油所の稼働率引き上げを、石化側は公然と主張した。不足分を輸入するためには、アジア相場で調達してくる必要があり当時高値で推移していたことから、石油会社は石化側に値上げを求めた。当時のガソリン相場はナフサの標準価格の2倍程度の価格となっており、わざわざ安いナフサで出荷するよりはガソリンの生産を増やしたいという思惑もあった。石化が自身の都合で増設したクラッカーのために、ガソリンよりも安価なナフサを増産することなどできるはずがないと、石油側の不満も募っていった（＊3）。

　一方、当時の石油化学品はサプライヤーが自由に価格を設定し、高値にて取引されていた。原料であるナフサ価格との値差（スプレッド、付加価値）もかなり広がった状況となっており、石化業界にとってナフサ価格は石油会社の通知価格ベースでも特に問題なく事業を運営できていたと言えるだろう。植村調停時の原油価格は1バレル当たり1.80ドルであり、トンに換算（7.5倍）すると13.50ドルとなる。為替はプラザ合意前の固定相場で1ドル＝360円であるから、植村調停価格（6,000円/KL）をドルに引き直すと16.67ドル/KLとなる。これを1トン当たりの価格に引き直すと24.05ドル（比重は0.693で計算）となる。つまり当時の国産ナフサ価格は原油価格の1.78倍の価格と、1.1倍から1.3倍程度の今日から比べると非常に割高ということがわかる。石油会社からすれば輸入に必要な桟橋や貯蔵設備に対する投資回収も含め、ナフサを供給するために多額の費用が必要であることから、一定のマージンが必要ということだろう。また、たとえ石油会社のマージンが大きくても、そのナフサ価格の前提で石化のビジネスは良好に推移したことから、石化側はまだ原料である国産ナフサ価格への関心は薄く、不満はそれほど高くなかった（＊4）。

2.2　第一次ナフサ戦争

　1973年秋に始まった第四次中東戦争（ゴラン高原やシナイ半島、ヨルダン川西岸地区、ガザ地区の領有権をめぐり、ユダヤ人国家イスラエルと、元来の領有権を主張するシリアやエジプトらアラブ諸国の間で発生した戦争）のあおりを受ける格好で、アラビア湾岸の産油国は一斉に親イスラエル国家に対して原油価格の値上げを通告。非友好国に対しては原油供給を削減した。原油価格はそれまで1バレル当たり3ドル程度で安定していたところから、一気に11.65ドルまで上昇。約4倍の価格となった（いわゆる第一次オイルショック）。日本の原油輸入も減少することが見込まれ、日本全体で省エネへの取り組みが活発化した。また、先行きの不透明感から原油が輸入できなくなることへの不安感が高まり、トイレットペーパー騒動に代表されるように、実需ではない買い占めが横行。また、混乱に乗じた値上げ（便乗値上げ）がサプライヤーにより水面下で実施されているとの報が多く流れた。その最たるものとして、当時ゼネラル石油が販売部長名で支店および系列店へ流した内部文書が挙げられる。これは衆議院予算委員会で日本共産党によりリークされた。文書の中では、「このような環境の変化（モノ不足）、時代は千載一遇のチャンスである」と記載されており、販売担当に対して値上げの実施を促し、その方法まで詳細に示された。対外的には価格据え置きを言明し続ける一方、万一、通産省、マスコミの調査で値上げの事実が分かった場合には、工業用灯油を値上げしたので、これに連られて家庭用も上がったと説明する。値上げの通知は文書ではなく口頭で、かつ値上げの見込みと説明。取引先がマスコミや通産省に対して値上げを通報したりすれば出荷を停止する旨それとなく伝え、消費者から小売価格アップの背景を聞かれた場合は、人件費、配送費のアップのためと説明させる、との具合だ（＊5）。この徹底性は目を見張るものがある。その手法は今日でも聞き覚えのある内容もあり興味深いが、これらは新聞各紙により大々的

に報じられた。さらに同時期に石油業界のカルテルも発覚し、民意の不満は最高潮へと達した（＊6）。混乱を統制するため、1973 年 12 月に日本政府は国民生活安定緊急措置法を制定し、石油およびそれらを原料として使用する製品に対して、「標準価格」を設定する旨を謳った。同法の目的の 1 つは、原料相場の上昇以上に製品の値上げを禁止することであり、1975 年 12 月、資源エネルギー庁はガソリンなど石油製品に標準価格を設定。ガソリンは 2,500 円/KL の値上げ、ナフサは 3,700 円/KL も引き上げられた。これは 1963 年の植村調停以来、二度目の標準価格設定となった。もっとも原油価格の上昇に伴い、石油会社との仕切り価格は 2 万 5,000 円/KL 台まで値上がりしていたが、ナフサの標準価格はここからさらに 2 万 9,000 円/KL へと跳ね上がった。

　なぜナフサの値上がり幅が最も大きかったのか、その背景には、ガソリンの相場を採算が取れる水準となるように、製油所の原油処理量は引き下げられ（＝減産）、国産ナフサの需給がタイトとなっていたことが挙げられる。また、標準価格の検討を重ねるなかで、当時の石化製品の採算性は良好に推移していたことも、ナフサのみ大幅に標準価格を引き上げられる要因となった。しかし、これに対して石化業界は猛反発。アジア相場よりも高値となったことや、石化事業もクラッカーの大増設に伴い採算が悪化しつつあることがその主な口実だった。最終的には石油側の論理が優勢となり、資源エネルギー庁は石化の反対を押し切る格好で、標準価格の設定を強行した。この際、それまで国産ナフサ価格について業界のチャンピオン（代表）交渉を担っていた鹿島石油（現エネオス子会社）－三菱油化間の交渉が難航したため、出光興産－住友化学へとその代表会社を変える（＊7）ほど、業界全体で熱を帯びた交渉となった。この頃から、石油と石化とのナフサをめぐる交渉、対立構造について、メディアにより「ナフサ戦争」と揶揄されるようになる。

　半ば強制的に設定された標準価格が業界全体に広がった後、通産省は当初の目的が達成されたとして、この標準価格を撤廃。その後、原油相場は緩やかに下落し、ナフサの輸入価格も下落した。しかし、約

1 年半もの間、国産ナフサ価格は 2 万 9,000 円/KL にて変わらず推移
した。ナフサの輸入価格はアジア相場にリンクする。アジア相場の価
格は国際市況であり、公平公正な相場と言える。その価格よりも 1 年
半もの間、2,000 円〜8,000 円/KL 高値というのは日本全体で 500 億円
〜2,000 億円のコストアップとなる（＊8）ため、石化側からこの割高
な国産ナフサ価格に対して不満が噴出した。各コンビナートで石油会
社と石化会社との間で交渉が行われ、石油側は石化側が自らナフサを
輸入できないことを逆手に取り、価格が飲めないのであれば供給を減
少させるところまで踏み込んだ。つまり国産ナフサの供給も減らすほ
か、輸入もしないということ（＊9）であり、サプライヤーとしては手
持ちの札を確実に切った格好と言える。石化が輸入権を持っていない
ため、なにをわめこうが、本質的には石油会社の言いなりに等しかっ
た。交渉と言いながらも、実質的には輸入権がなければ、石化側は立
ち向かうすべがない状況だった。この経験は後に示す石化側の輸入権
獲得運動に繋がっていく。

　石化側は資源エネルギー庁への陳情を実施し、2 万 9,000 円/KL か
らの価格引き下げを試みるも、資源エネルギー庁はそもそも石油行政
を管轄する機関であり、強大な力を有していたほか、日本の石油供給
安定のために石油会社の存続を優先させていることから、石化の陳情
にはあまり耳を貸さなかった。その代わりに、石化の代表団は政府、
自民党、関係する業界団体やマスコミへ積極的に具申し、国会におい
ても俎上にあがるまでになった。その甲斐もあって、1977 年には政
府が経済対策閣僚会議でナフサの値下げと輸入増量を決定。国産ナフ
サ価格は 2 万 6,000 円/KL へと値下がりするに至った。本来、自らナ
フサを輸入できず、国産ナフサに対抗できる交渉手段のない石化業界
からすれば、この値下げを勝ち取ったのは大きかった。この値下げま
での一連の動きは、第一次ナフサ戦争と呼ばれている。その後、出光
興産と住友化学との間の交渉が業界の代表者のチャンピオン（代表）
交渉として定着（＊10）し、その成約価格を他社も追随して準用する
動きが続いた。また、1978 年にかけて原油相場が値を下げアジアナ

フサ相場も下落したことから、国産ナフサ価格は2万円台前半まで値を下げた。

　第一次ナフサ戦争の成果は、国産ナフサ価格の引き下げ以外にもあった。それは、石化会社の輸入権獲得への第一歩として、代理商方式でのナフサ輸入を資源エネルギー庁が認めた点だ。石化側は国産ナフサ価格の交渉において「ナフサを自ら輸入できない」という最大のウィークポイントを挽回するべく、大阪石油化学、山陽石油化学、住友化学工業、三井化学工業、三菱化成工業、昭和油化、三菱油化の7社（＊11）が均等出資した石化原料共同輸入株式会社（Petrochemical Feedstock Importing Co.、以下 PEFIC と呼ぶ）を設立し、輸入権の認可を資源エネルギー庁に求めた。ナフサ価格の値下げが実現された翌年に当たる1978年のことだった。しかし、輸入権については石化側もこの段階では難しいと踏んでいたようだ。桟橋やタンクの制約から、実際に自ら輸入することはできないほか、国内の石油製品の安定供給やその基礎となる石油会社の収益安定を使命としていた資源エネルギー庁が、首を縦に振るとは想定できなかった。とはいえ、石化側の強烈なプッシュが実り、代理商方式での輸入を可能にする方向で話はまとまった。代理商方式とは、輸入権を持つ石油会社の代理としてPEFIC がナフサを調達することで、輸入権を石油会社に維持したまま石油化学会社が輸入を決定することができるというものだ。しかし、石油会社にしてみれば石化側に自由にナフサ輸入をさせてしまうと、国産ナフサをこれまでのように輸入品＋プレミアムというかたちで、いわば「高く売れる」可能性が低くなることから、実際は国が代理商方式を認めた後も、ほとんどの石油会社はPEFIC との代理商契約の締結を拒否した。その結果、1980年のナフサ輸入数量約720万KLのうち、PEFIC が輸入できた数量は50万KLと、全体の7％に満たなかった。

　第一次オイルショック当時の石油化学品は供給量が大幅に増加したことから、ナフサが値を上げても石化製品の相場は値を上げられず、石化会社の収益は低迷した。この時はナフサに連動する仕組みもな

く、石化会社は原料高に製品安と、言わば入り口も出口も、非常に厳しい状況となっていた。係る経済環境下、石化側の原料価格への関心は当然高まり、各社の精鋭が原料部に集結し、業界全体で仕組みを変える気運が名実ともに高まった。

2.3　第二次ナフサ戦争

　1980年、第二次オイルショックをむかえ、原油価格は一気に1バレル当たり10ドル台から40ドル台へと急伸。国産ナフサ価格も連動して値を上げ、6万円/KLの高値を付けた。その後、第一次ナフサ戦争時と同様にナフサの輸入価格が下落しても、国産ナフサ価格はその分下落せず、出光興産－住友化学間のチャンピオン交渉は難航した。1980年1－6月の国産ナフサ価格が決定しないなか、7月には資源エネルギー庁が三度目となる標準価格の設定に向けた検討に入った。資源高に伴い石油会社の業績が大幅に悪化し、石油の流通価格に対して再び行政のメスを入れる必要に迫られたためだ。仮に、ここでナフサに対して再び標準価格が設定されれば、石化会社からすれば1975年に設定され割高となった2万9,000円/KLの記憶が新しいままに、標準価格が設定される（アジア相場に比べて高値となることは容易に想定できた）ことから、業界全体で反対姿勢を示した。その後、標準価格の設定こそ見送られたが、石油会社と石化会社との間の価格交渉は暗礁に乗り上げる。見かねた石化側はナフサの輸入自由化を求め輸入業届出を準備。これに対し、届出を受理しない（≒認めない）とする資源エネルギー庁や、石油の業界団体である石油連盟との間で論戦を繰り広げた。この一連のやり取りは第二次ナフサ戦争と呼ばれている。

　当然のことながら、副産物とはいえ石油製品の一つであるナフサは、そもそも石油会社なくして調達できなかった。たとえ製油所の稼働率が低下し、生産される国産ナフサが不足しても、石油会社が保有する桟橋やタンク設備を使用しナフサを輸入することにより、安定供給が実現されていた。一方、石化業界全体でナフサクラッカーが多数新設

41

され、石油化学品の供給が大幅に増加したことにより、国内の石化製品の需給はだぶつき始めていた。米国やカナダ、欧州の石化会社の製品との競争が激化すると、アジアの石化製品相場は下落し、石化会社の収益は悪化。石油会社から販売されるナフサ価格が石油会社の輸入価格（≒アジア相場）に比べて割高であった点は、非常に厳しい事業環境にあった石化会社にとって死活問題として受け止められた。輸入権を獲得したうえで、自助努力で安価な輸入品を調達したい気持ちが高まるのは自然な流れと言える。他方、石油会社の収益も第二次オイルショックに伴う原油の高騰により非常に苦しい状況となり、国産ナフサを高く売る必要性は高まったと言えよう。また、電力向けの需要が増加していたなかで、石化向けナフサのみ輸入品の価格（≒アジア相場）に合わせる（優遇する）ことはできない状況となっていた。そのため、石油会社と石化会社にはそれぞれの正義が存在した。両者の利害は真っ向から対立し、八方ふさがりの状況であったと察することができる。

　そもそも国産ナフサの価格形成や輸入権をめぐる元締め的な役割は、石油行政を管轄する通産省傘下の資源エネルギー庁が担っていた。日本の経済成長に必須となるエネルギー安定供給を実現するため、連産品である国産ナフサについても石油行政の論理が優先された。一方、石化側の論理に傾聴する機関として、同じ通産省内で基礎産業局が存在した。しかし、通産省内で当時行政管轄の重大さゆえに力のあった資源エネルギー庁に比べれば、発言力が小さかったほか、ナフサ行政に対して口を挟める権限も持ち合わせていなかった。

　石化側は一向に進まない石油会社との交渉に見切りをつけ、強硬策に出る。第二次オイルショックの翌年に当たる 1981 年、第一次ナフサ戦争時に立ち上げた共同輸入会社（PEFIC）から資源エネルギー庁に対して輸入届を提出する方針を決定。また、石油会社に対して「国産ナフサ価格の価格体系（根拠）明確化」を要求。欧州のナフサ価格が輸入価格をベースに決定されている点に着目し、同様に公正明快な輸入価格にリンクしたフォーミュラへの移行を要請。石化業界を支援

する立場の通産省基礎産業局を巻き込んで、資源エネルギー庁に圧力をかけた。それに対して、資源エネルギー庁や石油連盟は反発。石油製品安定供給の観点から、「輸入窓口は抑制せざるを得ない」や、「輸入ナフサが大幅に増加し国産ナフサの供給に支障が出ることにより、原油処理量が圧迫され、他の石油製品の供給に重大な支障が生じる」等々の理由が、資源エネルギー庁から付された（＊12）。石油産業における業界団体である石油連盟からは、輸入自由化を希望しているのは一部の石化会社で業界全体ではない、輸入ナフサ価格も石化側が言うほど安くはないとの反対意見が具申された（＊13）。

　意見の対立が続くなか、石化会社はナフサ輸入設備の増強を急いだ。桟橋やタンクなど、輸入に必要な設備を自ら保有することにより、石油業法上の輸入権を得る材料にすることができた。併せて、石化側は政界やマスコミ、米国の化学会社、コンサルティング会社へのロビー活動を積極的に実施。しまいには米国当局から日本政府に対し、石化会社の輸入権を認めさせるよう要請が届く事態となった（＊14）。石化会社は原料高、円安、製品安の三重苦に陥り、構造不況にある現状の苦境への理解、そしてナフサ価格体系の明確化、輸入自由化を訴えた。そして、石油業法上は、官庁の許認可が必要な「申請」ではなく、あくまで「届出」であることから、受理されないのは「不作為の違法行為となる」と強硬な構えを示した。1981年以降、PEFICのメンバーであった石化7社は、会社間で温度差があったとはいえ、石化会社を主体とした業界団体の勢いは凄まじいものがあった。それは、石化の生き残りをかけた戦いとなった。一方、石油会社はなんとか石化側の要請をいなす方向で資源エネルギー庁と掛け合ったが、既に燃え始めた炎の勢いを弱めることはできなかった。

　その結果、通産省内（資源エネルギー庁と基礎産業局との間）で部署の垣根を越えた議論が進み、ナフサを「石油行政の視点のみならず、石油化学産業育成の観点から価格や輸入体系を決定すべき」との、これまでにない産業政策的な視点が盛り込まれる方向で調整が進んだ。石化側の連帯的かつ徹底的なロビー活動の甲斐あって、1982年には

産業構造審議会化学工業部会長と石油審議会会長名で「石油化学原料用ナフサ対策に関する提言」が通産省に提出された。これを受け、通産省は「石油化学原料用ナフサ対策について」を省議決定。石化側の要望通り、これまでチャンピオン交渉を通じて決定してきたナフサ価格について、輸入ナフサ価格に石油会社の手数料等を上乗せした金額（輸入価格と国内取引価格を連関させる、欧州のフォーミュラ形式が採用）で取引することが決定された。また、石化会社のナフサの輸入について、PEFIC を通じて行うこととし石油会社はその障害となるような関与を行わないことも付記され、実質的な輸入自由化が実現することとなった。国産ナフサ価格は輸入価格（MOF 価格）に手数料（2,000 円/KL）を上乗せした価格で決着し、今日まで続いている。なお、この 2,000 円/KL の算出根拠については、必ずしも明らかになっていない。しかし、石油化学産業の業界団体に当たる石油化学工業協会が石化会社の代理として石油会社にタンクでの保管やパイプラインを使用した移送に要するコストをヒアリングのうえ、その平均値を採用したとの意見が優勢だ。

2.4　石化会社による輸入権取得

　第二次ナフサ戦争が終結後、国の行政のあり方も変化した。これまで国が石油輸入業のほか、大規模な石油化学品生産装置の新規立ち上げや能力増強について、統制し個別に認可をしてきた。国が統制することにより、需給構造が無秩序な状態となることを恐れていたわけだが、産業全体が成熟してくると、反対に国の介入がむしろ自由主義経済の弊害となるケースが見られた。1976 年に明るみに出た世界的な汚職事件であるロッキード事件をはじめ、公平公正に資する国家行政による特定の企業に対する癒着や厚遇に対して、批判の矛先が向けられた。これを受け、米国やイギリスにおいては早期に公的機関の指導や許認可の基準を定めた行政手続法が制定され、日本はそれに遅れながらも 1980 年に日本版行政手続法の検討を開始。その後、第二次オ

44

イルショックの経済混乱期に制定気運が一時後退したものの、検討開始から 14 年を経た 1994 年に行政手続法が施行された。これにより、それまでは許認可が特に必要のない届出とされながらも、受理されなかったナフサ輸入業届出について、この法律が根拠法となり、「提出するだけで有効」となりえた（当然、届出の内容や資格条件に不備がない限りではある）。それまで PEFIC を通じた輸入を実現できてはいたが、これによって名実ともに自社による輸入が可能となった。輸入設備や貯蔵設備を自社保有またはそれに準ずる賃貸借で使用している企業は、石油業法施行規則第十一条に規定される輸入業者の要件を満たすことから、輸入業を届け出た。結果として、行政手続法が施行されて以降、石化会社は石油輸入業の届出を提出し、PEFIC もその役割を終え解散した。第一次ナフサ戦争が開始されてから約 20 年が経過していた。これまでの国産ナフサをめぐる流れを**表 2-2** にまとめたので参考にされたい。また、石化産業誕生から 1984 年までの国産ナフサ価格の推移を**図 2-1** に示したので参考にされたい。

表 2-2　ナフサ戦争をめぐる年表

	主なイベント
1958 年	石油化学産業誕生
1962 年	石油業法施行
1963 年	ナフサ不足顕在化　通産省へナフサ増産を要請 石油審議会植村会長による国産ナフサ価格調停 第一回目のナフサ標準価格設定＝ 6,000 円/KL
1965 年	ナフサ輸入開始
1974 年	第一次オイルショック 国民生活安定緊急措置法施行
1975 年	同法に基づき、物価安定を目的としたナフサ価格の指導 第二回目のナフサ標準価格設定＝ 29,000 円/KL 石化業界ナフサ価格の値下げ＆輸入権獲得機運の高まり 第一次ナフサ戦争開始
1977 年	経済対策閣僚会議にてナフサ価格値下げ決定
1978 年	石化原料共同輸入株式会社（PEFIC）設立 第一次ナフサ戦争終結

1980 年	第二次オイルショック 国産ナフサ価格＝60,000 円/KL へ上昇
1981 年	国産ナフサ・石油-石化間チャンピオン交渉難航 原油相場上昇を背景に、標準価格設定の機運高まり 第二次ナフサ戦争開始　国産ナフサ価格体系明確化を要求
1982 年	「石油化学原料用ナフサ対策について」通産省省議決定 国産ナフサ価格＝国際市況（輸入価格）連動へ 第二次ナフサ戦争終結
1994 年	行政手続法施行
1995 年	石化会社により石油輸入業届出、資源エネルギー庁受理
1998 年	PEFIC 解散

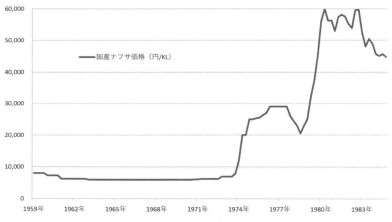

図 2-1　国産ナフサ価格の推移

2.5　現在の国産ナフサ価格

　第二次ナフサ戦争終結後、現在に至るまで日本国内の国産ナフサが
一律、輸入価格（MOF）＋2,000 円/KL かと言えばそうではない。ま
ず隣接する製油所からパイプラインで供給されるナフサにおいては、
MOF 価格をベースにどの程度プレミアムが加減算されるか（減算の
事例は聞いたことがない）はコンビナートによって大きく異なってい
る。また、石化会社の工場が隣接していない製油所ではナフサを船で

石化会社に供給するケースもあり、その場合は内航船の運賃見合いが
MOF 価格に加算される。こうした個別の事例はさておくと、1982 年
に国や業界団体、石油会社、石化会社間で取り決められた MOF ＋
2,000 円/KL の影響力は、38 年以上経った今でも根強く存在している
（ただし、法的な拘束力はない）。

　元々、隣接する製油所から供給を受ける国産ナフサなのだから、本
来は石油会社が輸入する原油価格から算出されても良いはずである。
しかし、ナフサはあくまで副産物であり、採算はガソリンなど石油製
品で確保されるため、アジアのナフサ市場（マーケット）では容量
ベースで原油よりも安価となることの方が断然多い。どの程度の価格
がフェア（公平）なのか、ナフサをコスト論で決定することは容易で
はない。そのため、欧州が採用していたようなナフサの時価を公平公
正に査定してくれるマーケットの価格を間接的に反映した、「輸入価
格の平均値」を、日本のナフサ取引においても採用することになった。
「国産ナフサ価格＝輸入ナフサ（MOF）価格＋2,000 円/KL」という
枠組みは、ナフサ取引に携わらない多くの参加者にとって、国産ナフ
サ価格の説明を受ける際、「国産ナフサなのに輸入価格にリンク？」
という部分で概念的につまずくわけだが、背景にはそのような事情が
ある。なお、**図 2-2** に日本のナフサバランスを、**図 2-3** に主な日本の
ナフサ輸入国を示したので、参考にされたい。日本のナフサバランス
は主にガソリンやアロマ用途で消費される石油精製向けナフサ輸入量
を除けば、クラッカー向けのナフサは国産と輸入で約半々の割合と
なっている。輸入が途絶えれば、クラッカーの稼働を半減させないと
需給はバランスしないということになる。輸入量の約半分が中東から
の供給に頼っており、ホルムズ海峡をめぐる地政学的リスクの高まり
は原油のみならずナフサの安定供給に対しても大きな影響を与えるこ
ととなる。アジア域外の欧州や米国等の地域からも多く輸入してお
り、域外品の割合は全体の 20％ を占める。

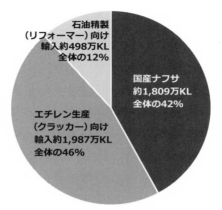

石油精製
(リフォーマー) 向け
輸入約498万KL
全体の12%

国産ナフサ
約1,809万KL
全体の42%

エチレン生産
(クラッカー) 向け
輸入約1,987万KL
全体の46%

［注］国産ナフサは資源・エネルギー統計の国内
ナフサ生産量による

図2-2　日本のナフサバランス（2019年）

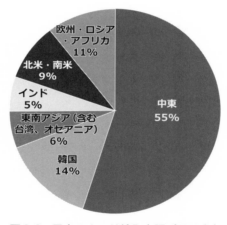

欧州・ロシア
・アフリカ
11%

北米・南米
9%

インド
5%

東南アジア（含む
台湾、オセアニア）
6%

韓国
14%

中東
55%

図2-3　日本のナフサ輸入内訳（2019年）

2.6　国産ナフサスライドの誕生

　国産ナフサ価格はなぜ輸入価格にリンクする現在のフォーミュラに
なったのか、解説してきた。ここからは、ナフサではなくエチレンや
ポリエチレンなど石化製品に視点を移していきたい。第1章で説明し

たように、本来石化製品の価格は需給論で決定されるべきものではあるが、日本は特殊な要因から国産ナフサに連動するケースがほとんどとなっている。国内の石化製品がなぜこの国産ナフサ価格（N）に連動するようになったのか、その要因や背景を探っていきたい。

　日本における石油化学品は欧米のそれとは異なり、ガスベースの原料を使用せず、基本的に90％以上はナフサから生産されていた。LPGのほか、コンデンセートやNGLの積極活用など原料多様化率を高める動きもあったが、それでもナフサの使用比率は8割を下らず、圧倒的だった。欧米では隣接するロシアのウラル原油や北海ブレント原油のほか、コンデンセートをパイプラインや船で輸送し、製油所で処理。そこから生産されるナフサのほかLPGも有効利用する動きが顕著となっていた。また、米国やカナダでは天然ガス由来のエタンを使用し、そこから石化製品を生産する会社も存在した。欧米におけるエタンやLPGの使用比率は40％にも及んでいた。日本の場合、成長が見込まれる広大なアジア市場を眼下におくことから、欧米に比べて製油所の能力に対し、クラッカーの能力が相対的に大きかった。そのため、クラッカー原料は隣接する製油所からの供給だけでは不足したことから、船で中東から輸入する必要があった。そのため、輸送や貯蔵にかかるコストが安く済む、常温常圧環境下でガスではない液体のナフサがメインに採用された。エタンはLPGは輸送や保管の際に低温で高圧にしないと液体にならないことから、船やタンクのコストが高くついた。欧米ではポリエチレンなど石化製品の原料はナフサ以外のガス原料多く存在したことから、早い段階からコスト論ではなく、需給環境を反映したマーケット価格の理論が採用された。一方、日本ではナフサがクラッカー原料の基本であったことから、ナフサ価格が、もっと言えば国産ナフサ価格が基本的な石油化学品のコストのベースとなった。そのため、日本の石化メーカーはナフサ価格が上下する度に、石化製品も変動させた。つまり、日本では石化黎明期からサプライヤーが石化製品の値決めをする際に、ナフサのコストが重要な役割を担っていたと言える。しかし、今日のようなナフサフォーミュラという方式が

最初からあったわけではない。この考え方が登場するのは 2000 年以降のことだ。また、1,000 円/KL＝2 円/KG 方式も最初からそうだったわけではない。それでは、ナフサフォーミュラが確立するまで、石油化学が辿った苦難と栄光の歴史を振り返っていくことにする。

　1958 年、日本はもとよりアジア初となる、2 基のナフサクラッカーが立ち上げられ、日本における石油化学産業が誕生した。それと同時に、ポリエチレンなどこれまで輸入に頼ってきた石化製品において、国産化が実現された。当然、販売開始当初は高値にて販売され、サプライヤーは高いマージンを確保できた。しかし 1970 年に入ると国内需要を上回ってクラッカーが建設され、供給過剰となり相場は大幅に下落。当時の石化産業は国の産業政策における重要な位置を占めていたことから、国は石化産業の衰退を阻止するため、1972 年 3 月から 12 月にかけてエチレン、ポリエチレン、塩ビ樹脂、ポリプロピレンを対象に第一回目の不況カルテルを容認した。これによって各社の生産量は計画的、統制的に調整され、相場は回復した。ナフサ価格は 6,000 円/KL 前後で安定していたことから、原料コスト云々というよりはむしろ製品の需給によって相場が変動していたと言える。この不況カルテルは、競合が浮上し市場に対する供給能力が増加したことに伴う需給の緩み（＝市場原理）によって引き起こされたと言える。この時点では、石化メーカーはわざわざ見積書にナフサ価格の前提を明記することはなかった。

　しかし、不況カルテルが解消されてつかの間、1973 年には第一次オイルショックをむかえる。これによって、国産ナフサ価格は 6,000 円から 2 万円台へ一気に上昇。日本の石油化学産業にとって初めて原料高に直面する機会が訪れた。石化製品は原油の上昇に伴う先高感（＊15）を背景に、需要が堅調に推移。原料高に起因した先高感を背景に仮需が発生し（需要家の在庫積み増しなど）、相場は好調に推移した。第一次オイルショック発生時、その後の石化製品価格に大きな影響を与える重要な法律が施行される。国産ナフサ価格の歴史でも登場した国民生活安定緊急措置法だ。2020 年に新型コロナウイルスによるマス

クの供給不足を背景に、割高な転売などを防止するために同法が復活したことは記憶に新しいだろう。第一次オイルショックによる社会不安を背景にした便乗値上げを防止するために、ガソリンやナフサなど石油製品のみならず、石油化学製品（エチレン、プロピレン、ベンゼン、キシレン、合成樹脂、合成ゴムなど）にも同様に国の介入が入り、標準価格が設定され、値上げについては「事前承認制」（＊16）となった。さて、ここで困るのは石化メーカーだ。これまで需給によって自由に価格を決定してきたところから、突然国の事前承認が必要となった。そこでまず、どのような論拠で値上げを実施するのか国に説明する必要があった。国の指導方針は原料コストの上昇以上に値上げすることを禁止するというものであったことから、「ナフサ価格が上昇したことにより、石化製品のコストはどの程度上昇するのか」、はっきりさせておく必要があった。政府と石油化学企業や業界団体が値上げ幅については議論を重ねたものと想定されるが、残念ながら政府、企業両当事者にとって独占禁止法上非常にデリケートなテーマであったためか、史実は残っていない。1973年から1974年春にかけて急騰した原油相場は、その後小康状態となったことから、政府による価格介入は10月に解除された。その議論の結果をまとめたものとして、日本の石化メーカーや商社の役員らで構成された社団法人化学経済研究所は、1974年のナフサと石化製品のマテリアルバランス実績を基に、1975年11月にナフサ1,000円/KLの変動に対してエチレン・プロピレン・ブタジエン（以下、オレフィンと総称する）を3円/KG変動すべきとの理論を構築（1,000円＝3円理論）。この方式は業界に浸透し、ナフサ価格に連動したオレフィン価格という新しいスキームができあがった。石化メーカーの採算は1974〜1975年の原料高が一服し、先高感がなくなると、仮需がなくなったことにより一時的に低迷したものの、その後すぐに回復した。

　このように、国産ナフサの価格変動に対するコスト変動分を、石化製品に一定額を転嫁するという発想は、第一次オイルショック時における原料の急騰を背景に生まれた。しかし、これは現在のようにナフ

サ価格の上下に対しそのままリンクするような、厳格なものではなかった。その後、しばらくの間この理論が適用され、エチレン価格は推移した。

　1979年に第二次オイルショックが発生し、国産ナフサは2万円台から一気に6万円台へ上昇すると、これまでの1,000円/KL＝3円/KG方式では需要家（石化製品を使用する加工メーカー）の採算が合わないレベルまで価格は上昇することが確実視された。また、新設クラッカーが大規模に増設され、石化製品の需給は悪化しつつあった。そのため、石化製品の価格は国産ナフサの値上がり分上昇できず、石化メーカーは非常に厳しい経営環境に陥った。また、第一次オイルショック時同様に原油・ナフサ価格がアップトレンドを終えて小康状態となると、先高感によって増加した仮需の反動により、一気に需要が減速し、国内の需給は大幅に供給過多となった。当時は新設された装置が多く、各社が投資決定時に策定した想定稼働率を割り込まないため、また顧客のシェアを他者に奪われないために、理屈の合わない値下げを断行しながら「限られたパイ」を石化メーカーは競って取り合った。その結果、1981年以降経営環境は大幅に悪化し、1982年には石化メーカー12社の経常損失は822億円まで膨らんだ（＊17）。相次ぐ増設や原油価格上昇が不況の背景となったが、米国やカナダにおける安価なエタンベースのエチレン価格との値差が拡大した点も製品市況を悪化させ、収益にとりマイナスとなった。政府は石化産業のみならず、繊維や造船、アルミ精錬業を対象に、乱立した設備の整理と海外に対抗できる競争力確保の観点から、産業構造を改善する目的で、1983年5月に特定産業構造改善臨時措置法（産構法）を制定。不況を乗り越えるため、再びカルテルを特別に容認した（＝不況カルテル）。これは、1972年以来となる二度目の、かつ執筆現時点では日本における最後の不況カルテルとなった。エチレン製造業、ポリオレフィン製造業、塩化ビニル樹脂製造業が対象となり、エチレン製造業では12社が協調減産を実施。また、ポリオレフィン製造業では17社もの会社が**表2-3**の通り四つの会社に統合され、減産や設備廃棄などクラッ

カーと共に合理化を図った。1985 年にはナフサクラッカーの余剰設備の処理が完了。また、原油相場が大幅に下落し、国産ナフサ価格は 1 万円台まで値下がりしたこともあり、石化メーカーの業績は好転。不況カルテル下、4 社が石化製品の採算を改善させるために、価格をある程度コントロールできたこともあり、1985 年の石化メーカー 12 社の経常利益は 670 億円へと大幅に改善した（＊18）。これを受け、1987 年に産構法の対象からエチレン製造業が外され、翌年はポリオレフィン製造業の指定が解除された。なお、産構法は 1988 年に期限を満了し、以後、不況カルテルは法律的に容認されていない。

表 2-3　不況カルテル時の共同販売会社

	出資比率	共同販売会社	合理化額
三菱油化	50%	ダイヤポリマー	50 億円
三菱化成	50%		
住友化学	18%	ユニオンポリマー	100 億円
宇部興産	18%		
東洋曹達	18%		
チッソ	18%		
徳山曹達	14%		
日産丸善ポリエチレン	14%		
昭和電工	20%	エースポリマー	108 億円
旭化成	20%		
出光石油化学	20%		
東燃石油化学	20%		
日本ユニカー	20%		
三井石油化学	25%	三井日石ポリマー	121 億円
三井東圧化学	25%		
日本石油化学	25%		
三井ポリケミカル	25%		

　この第二次オイルショックを受けた不況カルテルのなかで、17 社が生産調整を実施したことで需給は改善したほか、4 社体制で販売価格をコントロールしたことにより相場も値崩れせず、採算は良化した。

一方、第二次オイルショックを乗り越えた1985年以降、ナフサ価格は4万円台から一気に1万円台へと急落したことから、石化製品は値下げ圧力を受けることになる。値下げの論拠となるのは当然ながら1974年の「1,000円/KL＝3円/KG」理論となるが、策定したのは10年も前となっていたことから、改めて原単位を見直す必要があった。そこで、二度の不況を乗り越え産業構造を革新する意味も込めて、石化製品新価格体系問題研究会が発足。再度ナフサクラッカーのコスト構造を吟味することとなった。その結果、原単位の良化を背景に、オレフィン価格の変動について「ナフサ1,000円/KL＝2.5円/KG」という結果がもたらされる。ただし、C4留分の評価を安値の重油評価に落としてしまっていたことから、ナフサと同値に引きなおすことにより、「ナフサ1,000円/KL＝2円/KG」という計算も可能だった。そのため、1985年のエチレン価格の値下げについて、需要家と新価格体系について調整のうえ、次のように設定された。なお、当時は鹿島コンビナートにおける主要取引価格となる三菱油化−信越化学、鐘淵化学（現カネカ）、旭硝子（現AGC）との交渉結果が情報会社のレポートを通じて広く報じられ、その他の会社間の取引においても準用されており、この内容を掲載する。

・エチレン価格の値決めは年単位ではなく、四半期単位とする
・石油化学産業が苦境となっていなかった1975年合意価格をベース価格とする
　　：国産ナフサ　5万円/KL＝エチレン155円/KG
・ナフサ価格が3万円/KL以上の場合、「1,000円/KL＝2.5円/KG」理論で変動（スライド）させる
・ナフサ価格が3万円/KL以下の場合、「1,000円/KL＝2円/KG」理論で変動（スライド）させる
　　：国産ナフサ　3万円/KL＝エチレン105円/KG（＝155−(20,000÷1,000×2.5)）
・前提のナフサ価格は前四半期分を3分の1、当四半期分を3分の2

の割合で合算し単純平均にて算出
・上記方式にて四半期ごとに値決めを行っているが、これはあくまで
　基準価格であり、需給動向や国際市況、売り手と買い手の業界にお
　ける業況を総合的に判断し、都度決定する
　(＊19)

　第二次オイルショック時、ナフサの値上がり分石化製品価格に転嫁
できず、石化会社の収益は悪化していた。そのため、サプライヤー視
点では、ナフサが大幅に値下がりしても、その値下がり分全て値引き
することはできないということを、需要家との間で取り決める必要が
あった。これは、不況カルテル直後でサプライヤー間の情報交換が活
発だった（現在ではあり得ないが）ということや、この値決め方法が
『化学経済』や『セキツウ』といった業界紙に掲載されたこともあり、
「ナフサスライド」と呼ばれ全てのサプライヤーに広がり、その他の
取引にも準用された。前四半期の国産ナフサ価格も3分の1分は反映
されるスキームは、急落する原油・ナフサ相場を背景に買い控えが発
生し、売り手の在庫が積み上げられることを想定して設計されてい
る。需要家にとっては、価格が急落する局面において、高値の前四半
期の価格も反映されることから、価格差を利用して買い控えを実施し
てもメリットは薄まる。そのため、サプライヤーにとり販売量の極端
な変動を抑えることができる。
　1982年に第二次ナフサ戦争が終結し、国産ナフサは輸入価格に連動
することとなり、原油・ナフサ相場の変動に対して、近隣の製油所か
ら供給される国産ナフサの価格も即応可能となっていたことは、石化
製品価格へのナフサスライド導入を感化させたと言える。これによっ
て、石化メーカーは原料サイド、販売サイドの両面で国産ナフサ価格
にリンクすることができ、収益安定化への第一歩を踏み出したと言え
る。二度にわたる苦境を乗り越えて1986年にようやく掴んだスキー
ムとなった。上記の仕組みの設計には、第一次オイルショック後のナ
フサ下落に伴う仮需の喪失と過剰在庫による損失という手痛い経験が

活かされており、工夫に満ちた価格方式と言える。

2.7　ナフサスライド（コスト論）と国際市況リンク（マーケット論）との揺れ動き

　このような時代背景を経て誕生したナフサスライドだが、1988年にはナフサ価格が1万3,000円台まで下落した一方、世界のエチレン需給がタイトとなり、ナフサスライドではなくエチレンのアジア市況にリンクした値動きの採用が広がった。これまでコスト論でスライドさせてきていたところから、サプライヤーである石化メーカーは需給環境を価格に反映させるマーケット論を振りかざし、実質的な値上げとなった。しかし、その後すぐにナフサスライドへ回帰することになる。1990年、湾岸戦争を背景に再び原油相場が上昇し、ナフサ価格は3万円台へ上昇。石化メーカーはナフサスライドへと回帰し、ナフサの上昇分値上げを実施することとなった。そして原油の暴騰が収まってナフサ価格が下落すると、今度は石化相場がタイトとなり、1994年にはプロピレンを中心に国内の取引価格にプロピレンのアジア市況を反映したフォーミュラが広がった。1985年に策定されたナフサスライドの精神のもとで、原油やナフサ相場が上昇すると国産ナフサスライド（コスト論）を持ち出し、反対に国産ナフサが下落すると石化製品のアジア市況（マーケット論）を採用。石化メーカーはナフサスライドと石化製品の国際市況との間で揺れ動く10年となった。石化メーカー側のご都合主義的な考え方と批判されるケースもあったが、それぞれの変化が3年おきに訪れており、毎四半期方針が変わるといった類のものではないことや、ナフサのコスト論と石化製品のマーケット（国際需給）論は、両者ともに国内市場を形成するうえで大事なファクターであることから、大きな混乱は生じなかった。もっとも、1985年に三菱油化が策定した新価格体系の最後の項目にあった通り、「（ナフサスライドは）あくまで基準価格であり、需給動向や国際市況、売り手と買い手の業界における業況を総合的に判断し、都度決定する」というナフサスライドの精神に沿うものといえる。国産ナフサが値下

がりし、石化製品のアジア相場よりも大幅に安値となった場合は、需給論を持ち出すことにより、必要以上の値下げを防ぐという意味で、サプライヤーにメリットがあったと言える。反対に、ナフサが値上がりした場合に需要家の採算が極度に悪化し、事業継続が困難とされたケースでは、ナフサスライドをベースにした基準値から値引きされるケースも見られ、需要家にメリットがあることもあった。つまり、サプライヤーと需要家が「緩やかなナフサスライド」の精神のもと、様々な環境の変化に柔軟に対応していたと言えるだろう。

1990年以降は日本経済にとって失われた10年に突入し、不況を背景に三菱化成と三菱油化の統合（三菱化学へ）や、三井東圧化学と三井石油化学の統合（三井化学へ）など石化メーカーの統合が始まった。韓国、台湾、シンガポール、中東における大規模な生産設備の増設により、慢性的に供給過多の需給環境下、買い手優位のマーケットが続いた。そのため、具体的なタイミングは明らかではないものの、元々設定されていた「国産ナフサ価格が3万円以上で変動する場合は1,000円/KL当たり2.5円/KGでスライドさせる」という認識は忘れ去られ（取り除かれ）、「国産ナフサ価格が3万円を超えても（もっと言えば国産ナフサ価格の水準とは関係なく）1,000円/KL当たり2円/KGでスライドさせる」という現在まで続く価格構造へと収斂した。

2.8　ナフサフォーミュラ化

1999年、アジア通貨危機による景気後退を背景とした原油相場の下落が一服し、2Qからナフサ価格がじわじわと上昇。その後も2000年に入り2万円台へと値を上げると、中国向けの需要増加を背景に原油の需給は緩やかにバランスタイトとなり、じりじりと値を上げていった。また、同時に原油先物に対して投機資金も流入。投資商品として原油は初めて注目されるようになり、投機筋による買いが増加した。一時的に反落する場面はあったものの、2008年3Qの8万5,800円/KLの史上最高値を付けるまで相場は右肩上がりに値を上げた。断続

的に原油、ナフサ価格が上昇したことから、毎回都度値上げ交渉することに対して特にサプライヤーは疲弊していく。1999年春に三菱化学が酸化エチレンをナフサ価格との完全連動型決定方式の導入に向けて交渉を開始。同年秋には三井化学がポリエチレンの高付加価値グレードを対象にナフサ連動型へと変更する方針を決定。サプライヤーは原料価格の上昇をスムースに製品価格へと反映するために、「ナフサスライド」にあったような「例外措置」が基本的になく、変動の度に都度交渉する必要のない、新価格方式（ナフサ完全連動、ナフサフォーミュラ）への移行に向けて交渉を開始した。ナフサフォーミュラは第1章で解説した通り、一度期ズレの期間と付加価値部分の単価を決定した後は、売り手買い手のどちらかから変更の申し出がない限りは半永久的に自動的に改定されていくフォーミュラだ。これに対して需要家は、原料の変動を押し付けるスキームとして、そう簡単には応諾せず、暗礁に乗り上げる場面も多々あった。

　2001年に公正取引委員会がポリプロピレンの販売について、大手石化メーカー7社へカルテルに伴う排除勧告を実施した。ナフサフォーミュラではない大口顧客向けの交渉価格について、各社部長級が集まる懇親会（送別会）の席で値上げ時期、値上げ幅（＋10円）について違法な合意形成がなされたと見做された。最終的に刑事告訴は免れたものの、全社が課徴金を支払う結果となった。不況カルテル時に形成された同業同士の関係性が裏目に出る結果となった。たしかに、この頃はサプライヤーが乱立し国内の需給も緩んでおり、大口顧客への入札について一定の方針を共有することもあったようだ。このカルテル事件によって、石化メーカーはさらに透明性の高い販売スキームの導入が求められた。同時に、上昇するナフサ価格を背景に、石化メーカーはなんとかして値上げを実行したい思惑があった。しかしながら、石化製品の相場は需給悪化を背景に軟調に推移。割安な輸入品との競争により、思うように値上げが通らず、採算は悪化した。これが原動力となり、再び石化メーカー同士のアライアンス思想に火が付く。産構法が既に失効し、不況カルテルは当然認められないことから、企業

同士の統合構想が加速。特にポリオレフィンでは2002年の三井住友ポリオレフィン（親会社である三井化学と住友化学の統合実現に向けたフォアランナー、翌年に破談となり解散）を皮切りに、日本ポリエチレンや日本ポリプロ、プライムポリマーなどこれまでライバルだった会社同士が合弁会社を設立し結束する動きが一気に加速した。執筆時点までのポリオレフィン、ポリスチレン、ABS樹脂の再編図を掲載するので参考にされたい（**図2-4〜6**参照）。

　統合による規模のメリットを生かしたことにより、ようやく新しい価格スキームを展開できる素地ができたと言える。このナフサフォーミュラが合成樹脂のみならず、加工品や溶剤、合成ゴム原料など多岐にわたって本格的に広がったのは、2003-2006年頃だ。その間、石油化学工業協会の会長や大手石化会社の社長は、定例会見で新価格体系としての「ナフサフォーミュラ」の普及を訴え、業界紙はこれを盛んに報じた。その結果、自動車や生活資材など多岐にわたりこの方式が採用された。断続的に値上がりする国産ナフサ価格を背景に、毎回価格交渉をするのは骨が折れる、という販売／購買担当者の本音も当然あったと言える。一方、需要家からは「石化メーカーの営業マンは営業することを止めた」という厳しい意見も聞かれた。

　その後、原油相場の上昇が慢性化。原料コストの上昇に対して石化製品への価格転嫁を早める気運が高まる。四半期ごとの国産ナフサ価格が決定するまで価格改定を待つ必要のある、期ズレ4カ月や6カ月など、期ズレが長期間となるフォーミュラについて特に問題視された。2007年以降、期ズレを少しでも短くする方式が採用され、仮価格をベースに取引を実施、国産ナフサ価格が決定後に再び精算する期ズレ0〜3カ月のフォーミュラが整備、普及された。そして今日までこの「ナフサフォーミュラ」は存続している。なお、汎用グレードや大口向けの価格交渉の一部においては、引き続きフォーミュラではなく、都度交渉したうえで決定されていることは申し添える。この都度交渉は前述の「ナフサスライド」に近い方式と言える。

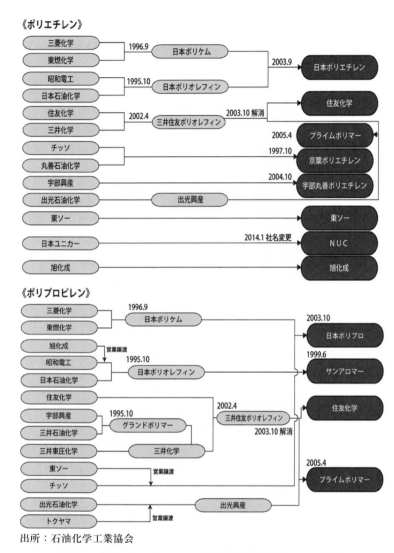

《ポリエチレン》

《ポリプロピレン》

出所：石油化学工業協会

図 2-4　国内ポリオレフィン事業統合（2020 年 4 月現在）

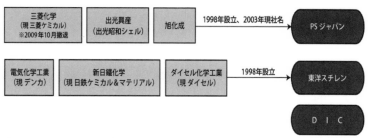

出所：石油化学工業協会

図 2-5　国内ポリスチレン事業統合（2020 年 4 月現在）

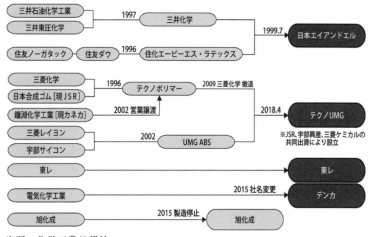

出所：化学工業日報社

図 2-6　国内 ABS 樹脂事業統合（2020 年 4 月現在）

　このナフサフォーミュラは 2000 年〜2008 年やリーマンショック後の
2009 年〜2014 年にかけては非常に大きな成果を挙げた。要するに、原
油やナフサ相場が上昇局面では、石化産業全体がこのフォーミュラを
享受できたと言える。しかし、2008 年のリーマンショックと 2020 年の
コロナショック＋OPEC 協調減産崩壊時は、この固着したフォーミュ
ラがあだとなってしまう。ナフサフォーミュラはナフサスライドとは
異なり、「ナフサ価格が下落したときには、（石化）製品価格も下げる
ことを約束する」（＊20）価格体系だ。つまり、ナフサの値上がり分、

石化製品の値上げをする反面、値下がり時は例外なく値下げしなければいけないということになる。このナフサフォーミュラの大きな落とし穴については、「第3章国産ナフサ価格とナフサ相場の見方」でナフサ価格の仕組みについて本質的に理解いただいた後、「第4章石油化学製品の国内相場とアジア相場」でさらにクローズアップしていきたい。

　今日ある国産ナフサ価格の決定方法や石化製品のナフサフォーミュラは、これまで見てきた通り、重層的な歴史のもとに成立している。国産ナフサをめぐる歴史、二度にわたるオイルショック（原油価格）、合法カルテル、石化会社の統合、世界の石化製品需給動向がそれぞれ密接に関係していることは、おわかりいただけたのではないだろうか。非常に興味深いのは、ナフサ戦争における石油会社と石化会社間の討論、第一次オイルショック時の旧ゼネラル石油の巧妙な値上げ戦略、オイルショック（原料高騰）時の需要家の仮需、原料反落時の需要家の買い控えによる石化メーカーの損失、石化メーカーによるコスト論とマーケット論の揺れ動きといった事象は、現在も形を変えて同じようなことが繰り返されているという点だ。そういった意味で、しっかりと歴史を知っておくことは現在発生する課題を解決するための武器になる。そして、考え方の異なる他者とまっとうに対話するために、この歴史を共有しディスカッションすることによって、一つの「共有された認識の地平」を提供してくれる。

　なお、今後業界の再編がさらに進行する可能性は十分存在するが、読者が現在と過去をスムースに結びつけることができるように、石油会社、石化会社（ナフサクラッカー）の統合の歴史を**図2-7**、**表2-4**にまとめたので参考にされたい。

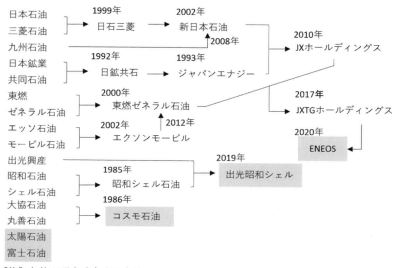

[注] 色枠が現在残存する会社

図 2-7　石油会社の変遷

表 2-4　石化会社（ナフサクラッカー）

立地	旧社名	2000 年時点		2020 年時点	
		生産能力 （※1） （千トン／年）	社　名	生産能力 （※1） （千トン／年）	社　名
鹿島	三菱油化	828	三菱化学	2014 年 一系列停止 485	三菱ケミカル
千葉	住友化学工業	380	住友化学工業	2015 年全停止	住友化学
	丸善石油化学	480	丸善石油化学	480	丸善石油化学
	京葉エチレン	690	（※2）	690	（※3）
	三井石油化学	553	三井化学	553	三井化学
	出光石油化学	374	出光石油化学	374	出光興産
川崎	日本石油化学	404	日本石油化学	404	ENEOS
	東燃石油化学	471	東燃化学	491	東燃化学 （※4）
四日市	三菱油化	276	三菱化学	2001 年全停止	三菱ケミカル

大阪	大阪石油化学	480	大阪石油化学	480	大阪石油化学 （※5）
水島	山陽石油化学	443	山陽石油化学	2016 年全停止	旭化成
	水島エチレン	450	三菱化学	496	三菱ケミカル 旭化成エチレ ン（※6）
徳山	出光石油化学	450	出光石油化学	623	出光興産
大分	昭和電工	565	昭和電工	615	昭和電工
	合計生産能力	6,844	合計生産能力 （※7）	5,691	

[注]　※1　生産能力はエチレンベース、定修年ベース
　　　※2　丸善石油化学 55％、住友化学工業 22.5％、三井化学 22.5％の合弁会社
　　　※3　丸善石油化学 55％、住友化学 45％の合弁会社
　　　※4　ENEOS 100％子会社
　　　※5　三井化学 100％子会社
　　　※6　三菱ケミカルと旭化成の折半出資による合弁会社
　　　※7　石油化学工業協会によれば、隔年での定修実施を考慮すると、日本のエ
　　　　　チレン生産能力は 650 万トン／年と推計される

＊1　読売新聞　1963 年 2 月 23 日朝刊　4 面

＊2　読売新聞　1963 年 4 月 24 日朝刊　4 面

＊3　読売新聞　1963 年 11 月 23 日朝刊　4 面

＊4　「ナフサ戦争」徳久芳郎　日刊石油ニュース　1984 年 12 月 5 日　P.43

＊5　読売新聞　1974 年 2 月 7 日朝刊　18 面

＊6　朝日新聞　1974 年 4 月 24 日朝刊　3 面

＊7　読売新聞　1976 年 4 月 12 日夕刊　2 面

＊8　1975−6 年の国産ナフサ生産量＋輸入量（22,876,000KL〜27,606,000KL）から算出

＊9　「ナフサ戦争」徳久芳郎　日刊石油ニュース　1984 年 12 月 5 日　P.36

＊10　住友化学　社史

＊11　会社名とクラッカーとの相関は以下の通り
大阪石油化学（現在は三井化学の完全子会社、大阪）、山陽石油化学（旭化成の完全子会社、2016 年に停止、旭化成のナフサクラッカーは三菱ケミカルとの合弁会社である三菱ケミカル旭化成エチレンへ統合、水島）、住友化学工業（現住友化学、2015 年に停止、その後丸善石油化学との合弁会社である京葉エチレンへ統合、千葉）、三井化学工業（当時、大阪石油化学の親会社、三井石油化学工業と合併後三井化学へ）、三菱化成工業（三菱油化と合併後、三菱化学（現三菱ケミカル）へ、現在は三菱ケミカル旭化成エチレン、水島）、昭和油化（現在の昭和電工、大分）、三菱油化（三菱化成工業と合併後、三菱化学（現三菱ケミカル）、鹿島）

＊12　朝日新聞　1982 年 2 月 4 日朝刊　8 面

＊13　朝日新聞　1982 年 2 月 13 日朝刊　8 面

＊14　「ナフサ戦争」徳久芳郎　日刊石油ニュース　1984 年 12 月 5 日　P.79

＊15　「化学経済」化学工業日報社　1993 年 12 月号　p.44

＊16　日本経済新聞　1974 年 3 月 16 日夕刊　1 面

＊17　「化学経済」化学工業日報社　1994 年 1 月号　p.80

＊18　「化学経済」化学工業日報社　1986 年 8 月号　p.42

＊19　「化学経済」化学工業日報社　1994 年 1 月号　p.80

＊20　フジサンケイビジネスアイ　1999 年 5 月 21 日朝刊　1 面

第 3 章

国産ナフサ価格とナフサ相場の見方

　本章では国産ナフサ価格（＝MOF＋2,000円/KL）の具体的な仕組み
と、予想方法について詳しく解説したい。また、その価格のベースとな
るアジア相場の仕組みについても触れていく。石化製品を取り扱って
いる会社からすれば、「そこまで知る必要がない」と思われる方もいる
かもしれないが、この内容を理解しないと国産ナフサ価格の仕組みを
真に理解できたとはいえない。また、「第4章石油化学製品の国内相場
とアジア相場」への重要な橋渡しとなることから、お付き合いいただき
たい。これまでMOF発表まで、ナフサ相場の動向に対してただ傍観し
ていた方は、本章の内容を踏まえて関心を持ってもらえれば、幸いだ。

3.1　国産ナフサ価格とその決定時期

　第1章に記載した通り、国産ナフサ価格とは日本の輸入価格に荷揚
げや保管などに要する手数料である2,000円/KLを足したものである。
つまり、輸入価格の変動に合わせて国産ナフサ価格も変動すると言っ
て違いない。それでは、この輸入価格がどのように決定されるのか、
解説していきたい。

　まず日本においてモノを輸入する場合、当然のことながら輸入消費
税（10%）や関税などを支払う必要がある。ナフサを輸入する場合は
石油・石炭税などを支払うことが法律に明記されているが、2011年以
降、当面の間は石化向け輸入ナフサに対しては免税措置が採られるこ
ととなっている（ただし、恒久免税とはなっていない）。税額を算出す
るベースとなる輸入価格とは、実際に日本でナフサを使用する石油会
社や石油化学会社が輸入する金額であり、それがすなわち課税対象金
額となることから、租税を取り仕切る財務省がこの輸入課税対象金額
を取りまとめることになる。そのため、日本の輸入数量・金額は財務
省関税局が公表している貿易統計を参照すれば、誰でも確認すること
ができる。

　第1章でも触れた通り、財務省は英文表記がMinister of Financeで
あることから、輸入通関価格のことをその頭文字を取ってMOF価格

と呼んでいる。この MOF 価格は**表 3-1** に示したスケジュールで公表される。MOF には速報値、確報値、確々報値、そして確定値というデータが存在する。速報値は翌月末に公表され、確報値は速報値の内容に修正が入った場合にのみ、翌々月末（2 カ月後の月末）にアップデートされる。そしてその後、確々報値として毎年 3 月中旬に前年分（前年 1 月～12 月の 12 カ月間）が一斉に公表され、二度目のアップデートが行われる。前年 12 月分については確報値の発表時期（2 月末）との時間的差異がほとんどないことから、12 月分のみ確報値は省略され、確々報値で置き換えられている。そのため、12 月 MOF 価格のみ確報値は存在しない。最後に、前年分の貿易統計の最終版として、11 月中旬に確定値が公表されるという流れとなる。なお、2019 年貿易統計までは確々報値という概念が存在せず、3 月中旬に公表されていた確定値で最終確定となっていた。しかし、10-12 月の輸入価格に対して従来の確定値までの修正期間が短かったことから、2020 年貿易統計より新たに確々報値が導入され、確定値までの期間はさらに 8 カ月間延長された。

表 3-1　MOF 価格 速報／確報／確々報／確定値発表スケジュール

	速報値	確報値	確々報値	確定値
1 月 MOF	2 月末	3 月末		
2 月 MOF	3 月末	4 月末		
3 月 MOF	4 月末	5 月末		
1QMOF	4 月末	5 月末		
4 月 MOF	5 月末	6 月末		
5 月 MOF	6 月末	7 月末		
6 月 MOF	7 月末	8 月末		
2QMOF	7 月末	8 月末	翌年 3 月中旬	翌年 11 月中旬
7 月 MOF	8 月末	9 月末		
8 月 MOF	9 月末	10 月末		
9 月 MOF	10 月末	11 月末		
3QMOF	10 月末	11 月末		
10 月 MOF	11 月末	12 月末		
11 月 MOF	12 月末	翌年 1 月末		
12 月 MOF	翌年 1 月末	なし		
4QMOF	翌年 1 月末	なし		

　このように MOF 価格は速報値から最大で 3 回、金額が変更される可能性がある。これは、輸入金額の対象が本品代や保険料のほか、積み地や揚げ地で船を滞船させた際に発生する滞船料など、荷揚げまでに発生する諸費用も包含されることに起因する。本品代や保険料であれば、荷揚げまでに確定している場合がほとんどだが、滞船料などの費用は売り手や船主との確認が必要となり、最終的な金額合意までに長ければ 1 年以上時間を要する場合もある。そのような諸費用が時間差で追加費用として修正申告されることから、ほとんどのケースで確報値や確定値は速報値よりも高値となっている。なお、四半期毎の国産ナフサ価格が、一度目の修正に当たる確報値に対し、確定値が異なったケースは、2002 年以降 18 年間で 8 回のみであり、確率的には 11％程度となる。

　国産ナフサ価格や MOF 価格をベースとする取引では、どの時点での価格ベースを基本にするのか明示しておくのが無難だ。例えば、単月の MOF 価格や国産ナフサ価格（MOF ＋ 2,000 円/KL）をベースにするのであれば、速報値で FIX するのか、確報値まで待つのか、もしくは最終的には確報値を正にして、公表までは仮の建値で決裁しておいて後で差額を精算するのか、そして確々報値や確定値での精算はあるのかないのか（この精算は売り手・買い手にとって予見不可能であり、かつ少なくとも上半期の決算を終えた後の精算となることから、たとえ確々報値や確定値が変動したとしても精算をするケースはほとんどない）、あらかじめ決めておくことが推奨される。また、四半期毎の国産ナフサ価格も多くの場合は**表3-1** に示した通り、最終月（例えば 1Q であれば 3 月、2Q であれば 6 月）のみ速報値の状態で FIX され、その後万が一最終月の確報値がアップデートされて、Q の価格に変動があっても精算されないケースが多い。というのも 4−6 月の取引のベースとなる MOF 価格が 8 月末に発表される 6 月分の確報値まで未確定というのは、あまりに遅すぎるうえ、速報値と確報値との違いによって大幅に（例えば Q で 500 円/KL 以上）変動することは過去あまり例がないからだ。そのため、四半期毎の国産ナフサを取引のベースにし

ている場合は、**表3-1**の灰色枠で示すタイミングで決定されることが多い。しかし、これは最終月が確報値になる前であり、ここから変動する可能性があることから、最終的な精算を実施するのかどうかを確認しておく方が無難である。

3.2 MOF価格の構成

　日本が輸入するナフサの入着価格は、石油会社や石化会社が輸入する金額の総額となる。そのため、MOF価格を予想するためには、それらの会社（以下、エンドユーザーと呼ぶ）がどのようにナフサを調達をするのかという点が重要なポイントとなる。エンドユーザーは、トン当たり500ドルとかいったその瞬間のナフサ価格（指値）で調達するのではなく、アジア相場のある一定の期間の平均値で調達することから、MOF価格はこの相場の平均値にリンクする。ナフサ相場の単位は1トン当たりのドル価格となる。そのため、毎月のMOF価格において、どの時点のアジア相場の平均値が適用されるのかという点がポイントとなる。言い換えれば、エンドユーザーがどの時点のアジア相場を使用して輸入したのかという点をおさえられれば、MOF価格の予想は実現するということだ。毎月の輸入価格はその2カ月前から1カ月前までのアジア相場を多く参照していることが多い。国産品ポリエチレン4トンであれば、国内のサプライヤーに発注すれば4トントラックで早ければ3日後には到着する。しかし、ナフサは輸入数量のうち約半数は中東や欧米から輸入されており、発注したとしても航海日数だけで中東の場合、23日程度要する。そのため、発注するタイミングは到着日の30日前〜45日前となることが多く、MOF価格が1〜2カ月前のアジア相場を参照しているゆえんだ。とはいえ、現実はそう単純ではない。エンドユーザーの調達パターンは多種多様だからだ。次の通り、それぞれのパターンを紹介していきたい。

　まずはFOB（積み地引き渡し）ベースで購入している場合。2020年10月時点でUAE、クウェート、カタールの石油会社は、エンドユーザー

に直接ナフサを販売しており、日本で輸入している石油・石化会社数社は自ら船を傭船し、積地に船をつけたうえで輸入している。この場合、積んだ日の前後5日間のナフサ相場の平均値で調達することになる。その後、海洋・気象状況にもよるが約23日間で日本に到着。無事タンクに荷揚げされれば、税務署に輸入ナフサの通関を申告することにより、輸入は完了となる。価格のベースとなるアジア相場の期間と通関日（到着日＋1〜4日）のタイムラグは19〜26日間となる。FOBの方法で輸入される割合は、特に石油会社や石油会社と共同輸入している石化会社に多い傾向がある。

　続いて、C&F（Cost and Freight の略、揚げ地引き渡し）ベースでトレーダーや商社から購入している場合は、特定の期間（半月にあたる15日間）に到着するナフサ（厳密には、売買の基本契約であるオープンスペックナフサ契約の品質条項に合致するナフサ。後ほど詳しく解説する）を、一定の期間のアジア相場の平均値をベースに調達することが多い。例えば、5月前半到着物を4月1-15日のアジア相場の平均価格で購入する、といった具合だ。この場合は30日前カウントと呼ばれる。入着期間の30日前の相場の平均値でカウント（取引金額を決定）します、ということだ。このカウントは自由に設定可能で、75日前で買うことも15日前で買うこともできる。しかし、15日前のカウントで調達する場合、割高となってしまうケースがほとんどであるほか、75日前で調達すれば割安になるが、生産計画も定まらないうちに調達することとなり、リスクを伴うことから、基本的には30〜45日前カウントとなる。C&Fベースで調達する場合、FOBでは実際の積数量（船の大きさによって数量は異なる。MR船型は33,000トン、LR1船型は55,000トン、LR2船型は75,000トン）を引き取るが、C&Fでは25,000トンと手ごろな単位で仕入れることができる。ただし、数量の±10％（＝±2,500トン）分は売り手のオプションとなっており、22,500トン〜27,500トンの間で売り手は数量を選択することができる（ナフサ価格の上下によって最小あるいは最大数量を選択できることから、9割以上の確率で22,500トンないしは27,500トンがデリバリーさ

表 3-2　FOB 契約と C&F 契約の違い

	売主の形態	荷積み	傭船 (船舶の手配)	日本までの 輸送	荷揚げ
FOB	積地の 石油会社	売主／買主	買主	買主	買主
C&F	トレーダー	売主	売主	売主	買主

れる）。なお、FOB 契約と C&F 契約の違いについては**表 3-2** に示した
ので参考にされたい。

　その他、域外からナフサを調達する場合にアジア相場ではなく、米
国や欧州など現地の相場をベースにして輸入するケースもゼロではな
い。このように、入着するナフサが持つ値札は、その契約形態が FOB
なのか C&F なのかによって大きく変わることになる。毎月の各エン
ドユーザーの調達方式をインプットしたうえで、調達数量を各契約の
割合に応じ期間毎に分散（例えば、5 月の MOF 価格は 3 月のアジア
相場が 33％、4 月のアジア相場が 20％など）させたものを MOF イー
ルド（分布）と呼んでいる。MOF 価格の構成要素の分散分布を表し
ているので、イールドと呼んでいる。

　なお、参考までに 2020 年 1 月の入着ナフサの内訳を**表 3-3** に示した。
表を見ると、入着価格は 528 ドルから 629 ドルと非常に幅広い価格の
ナフサが入着していることがわかる。様々なタイミングのアジア相場
の平均値が入着していることをよく示している。例えば、千葉港に入
着したサウジアラビア産ナフサは 568.9 ドルとなっているが、これは
12 月前半のアジア相場の平均値（約 560 ドル）にプレミアムを足した
価格に近い。また、川崎港に入着したアラブ首長国連邦（UAE）産ナ
フサは 556.4 ドルとなっているが、これは 11 月後半のアジア相場の平
均値（約 550 ドル）にプレミアムを足した価格と推測できる。このよ
うに、実際に通関されるナフサの価格を調査することにより、MOF イー
ルドも都度確認することが可能となるほか、港別にどのようなナフサ
を趣向しているかも確認できる。例えば、仙台や知多、下津、松山と
いった、クラッカーではなく製油所が立地しているような港（税関地

表 3-3　2020 年 1 月に輸入されたナフサの税関、輸入先別一覧

税関	輸入先	数量 (Kg)	数量 (KL)	比重	金額 (千円)	CIF JAPAN 円/トン	CIF JAPAN ドル/トン
	合計	1,628,784,039	2,354,632	0.692	103,048,627	63,267	580.7
大分	アラブ首長国連邦	17,843,558	25,725	0.694	1,029,894	57,718	528.1
千葉	アラブ首長国連邦	5,155,484	7,349	0.702	306,634	59,477	544.2
下津	マレーシア	4,873,500	6,714	0.726	291,060	59,723	546.4
大分	インド	59,788,207	83,993	0.712	3,575,238	59,798	547.1
川崎	アラブ首長国連邦	32,121,218	48,251	0.666	1,953,534	60,818	556.4
鹿島	カタール	16,306,332	23,034	0.708	994,066	60,962	557.7
名古屋	カタール	47,291,765	66,815	0.708	2,889,206	61,093	558.9
大分	クウェート	32,756,336	48,777	0.672	2,006,265	61,248	560.4
四日市	大韓民国	12,010,121	18,155	0.662	737,030	61,367	561.5
千葉	インド	65,135,404	91,584	0.711	4,005,957	61,502	562.7
千葉	メキシコ	17,690,904	26,804	0.660	1,096,509	61,982	567.1
千葉	サウジアラビア	95,200,166	142,801	0.667	5,919,385	62,178	568.9
水島	アメリカ合衆国	17,178,851	23,539	0.730	1,072,865	62,453	571.4
徳山	アラブ首長国連邦	71,547,633	102,945	0.695	4,483,620	62,666	573.3
千葉	クウェート	70,276,278	103,703	0.678	4,407,110	62,711	573.8
水島	大韓民国	39,077,709	58,569	0.667	2,454,268	62,805	574.6
水島	カタール	5,086,576	7,215	0.705	319,897	62,890	575.4
徳山	バーレーン	47,762,733	68,193	0.700	3,004,458	62,904	575.5
岩国	ロシア	5,137,122	7,132	0.720	323,274	62,929	575.8
川崎	インド	54,922,378	79,767	0.689	3,456,421	62,933	575.8
鹿島	クウェート	32,333,556	47,415	0.682	2,035,487	62,953	576.0
千葉	パキスタン	10,614,902	14,823	0.716	668,462	62,974	576.2
堺	カタール	62,066,273	90,251	0.688	3,918,902	63,141	577.7
横浜	カタール	8,205,843	11,612	0.707	519,328	63,288	579.0
千葉	エジプト	30,811,588	43,086	0.715	1,950,483	63,304	579.2
大分	アルジェリア	22,492,706	31,422	0.716	1,425,477	63,375	579.8
千葉	カタール	124,667,787	182,958	0.681	7,902,163	63,386	579.9
千葉	アメリカ合衆国	35,510,313	50,281	0.706	2,253,856	63,470	580.7
水島	シンガポール	22,619,401	32,203	0.702	1,435,752	63,474	580.7
徳山	カタール	38,313,389	54,084	0.708	2,438,257	63,640	582.2
四日市	アラブ首長国連邦	34,715,429	52,732	0.658	2,213,903	63,773	583.5
仙台塩釜	ロシア	13,011,412	18,043	0.721	830,703	63,844	584.1
堺	サウジアラビア	9,236,504	13,993	0.660	592,104	64,105	586.5
名古屋	ロシア	9,113,776	12,650	0.720	585,568	64,251	587.8
鹿島	ロシア	27,250,283	37,617	0.724	1,752,278	64,303	588.3
川崎	メキシコ	31,272,583	47,533	0.658	2,016,075	64,468	589.8
鹿島	オーストラリア	32,891,097	48,390	0.680	2,120,677	64,476	589.9
千葉	パプアニューギニア	7,033,769	10,531	0.668	454,388	64,601	591.0

徳山	インド	12,480,916	17,304	0.721	806,475	64,617	591.2
徳山	エジプト	39,214,221	54,488	0.720	2,538,949	64,746	592.4
堺	アラブ首長国連邦	35,644,384	51,075	0.698	2,314,006	64,919	594.0
川崎	大韓民国	81,464,139	123,519	0.660	5,309,508	65,176	596.3
今治	オーストラリア	21,195,766	28,687	0.739	1,381,643	65,185	596.4
堺	ペルー	36,057,174	52,599	0.686	2,354,708	65,305	597.5
千葉	バーレーン	27,560,837	39,666	0.695	1,803,672	65,443	598.7
仙台塩釜	シンガポール	10,528,595	14,852	0.709	690,456	65,579	600.0
松山	アメリカ合衆国	17,534,937	23,438	0.748	1,150,856	65,632	600.5
四日市	バーレーン	35,213,896	51,445	0.684	2,332,227	66,230	605.9
千葉	台湾	13,474,694	18,241	0.739	924,261	68,592	627.6
水島	ロシア	29,091,594	38,629	0.753	2,001,312	68,793	629.4

区）では、比重の重いナフサが入着していることがわかる。これはクラッカーではなく、ガソリンやアロマを生産するリフォーマー装置向けにナフサを調達していることが背景にある。

　では、この MOF イールドは常に一定かといえば、そうではない。というのも、ナフサの輸入者（エンドユーザー）の毎月の調達数量が変動するうえに、船が予定通り到着するとは限らないからだ。例えば、使用する装置（クラッカーやリフォーマーなど）の稼働が計画外で引き下げられた場合は、その分在庫が積み増され、調達数量が減少する格好となる。また、タンクに入りきらなければ、前もって C&F ベースで調達したナフサの到着レンジを半月単位で後ろ倒すケースもある。そうすると、本来入着すべき価格のナフサが想定よりも遅いレンジで到着することから、MOF イールドのモデルからずれる結果となる。さらに、ナフサを使用する装置は2年ないしは4年に一度、定期修繕（「定修」と略称される）を実施する。装置において高圧ガスを取り扱うことから、定期的に装置を開放して、機器に不具合がないか点検することが法令で定められており、必ずどの装置も定修は実施される。この期間に入ると輸入数量は減少することから、当然 MOF イールドに反映させる必要がある。これらはエンドユーザー側の都合によるが、それ以外にも予測不可能な船の遅延やトラブルが発生するケースも少なくない。春や秋に多いインド洋のサイクロンや日本近海の台風、冬場の台湾海峡付近の悪天候など、ナフサを積載する船舶の航海日数は、

標準航海日数に比べて最大で7日程度遅れる可能性がある。その場合、想定よりも遅いタイミングでの受け入れを余儀なくされる。また、船のエンジンやポンプにトラブルが発生したり、受入桟橋の設備が故障したり、船やパイプライン、タンクにおいてナフサの漏洩が発生したりと、突発的なトラブルによって、入着が後ろ倒しされることもある。筆者の経験則では、日本に仕向けられるナフサにおいて、1年に3回程度は船や桟橋設備、タンクの不具合により入着が後ろ度倒しされるケースがある。

　このように、実際のMOF価格を予想するMOFイールドというものはあくまで仮想系のモデルであり、完璧なモデルは実在しない。しかし、ヒアリング等を重ねてこのMOFイールドのベースに毎月、毎四半期毎に手直しを加えることで、より現実に近づけることはできる。実際、大手石化会社や情報会社を中心に、各社独自のイールド表が存在しており、それぞれ独自の手入れを行ったうえで運用している。イメージしやすくするためにこのイールド表のサンプルを**図3-1**に示している。実際のものではないが、現実から当たらずしも遠からずといっ

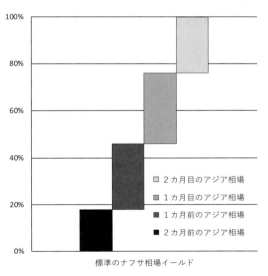

標準のナフサ相場イールド

図3-1　MOFイールドの例

たレベルにしている。

　なお、実際の MOF 価格（ドル／トン）には調達する際のプレミアム
や荷揚げ前の諸費用が加算される。このプレミアムは需給環境によって
加算／減算される金額のことで、ナフサの需給がタイトな（供給が不足
している）場合は、値上がりする。反対にナフサの需給が緩い（供給が
過多となっている）場合は値下がりする。しかし、このプレミアムや諸
費用は合計しても 1 トン当たり 10〜20 ドルの間に収まることから、**図 3-2**
に示した通り全体に占める割合は軽微となる。

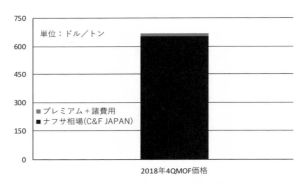

図 3-2　2018 年 4QMOF 価格の構成

　このように、アジア相場の MOF イールドをもとに算出された 1 ト
ン当たりのドル単価に、プレミアムを加えることでドルベースの MOF
価格が予想される。これに通関為替を掛け合わせると、1 トン当たり
の円価格が導き出せる。国産ナフサ価格の単位であるキロリットルへ
と変換するためには、さらに比重を掛け合わせることが必要となる。
ナフサの比重は積地によってまちまちではあるものの、2019 年時点で
の平均比重は約 0.693 となっている。この比重は石油会社が輸入する
リフォーマー装置向けのナフサの数量の割合によって左右される。と
いうのも、リフォーマー向けのナフサの比重は 0.72−4 程度とクラッカー
向けナフサに比べて重質だからだ。今後日本のガソリン需要が減少し、
リフォーマー装置が停止すれば、石油会社のナフサ輸入量は少なくな
る。そうなれば、比重は軽質化することが想定され、情報会社が打ち

出しているナフサ入着価格見通しを都度確認しておくと良いだろう。

3.3　為替の幻想

　ここまで解説して、ようやく 1 キロリットル当たりの MOF（円ベース）を導き出すことができた。それぞれのパーツを組み合わせると毎月の予想値が算出される。あとは結果（貿易統計の発表）を待つのみというとことだが、実は MOF 価格は 1 キロリットル当たりの「円ベース」でのナフサ価格のみ公表される。そのため、輸入されるドルベースの単価は通関為替で割り戻さないと算出することができない。MOF 価格に適用する為替について、財務省が週単位で公表している通関為替を月の日数で案分計算した「理論為替」が一般的に使用されている。為替は基本的に到着の 2 週間前の週間ベースの通関為替が使用されることから、四半期の MOF 価格の為替は**図 3-3** の構成で決定される。しかし、この通関為替を巷に算出した理論為替が真に正しいかは別の話となる。というのも、この構成モデルの通り、実際の輸入船がバラ

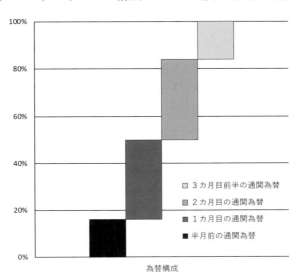

図 3-3　為替の構成

ンスよく毎週入着することはあり得ないからだ。この理論為替が真に正しいかどうかは、確かめようがない。そのため、円からドルに変換したMOF価格というのはあくまで仮想のものにすぎず、実際に入着したナフサが適用される為替を確かめようがない以上、理論為替と実際の適用為替とのずれを無視した、ドルベースの価格ということになる。

3.4 国産ナフサ予想値の蓋然性

　MOF価格、国産ナフサ価格の予想はこれまで見てきた通り、ナフサ相場と、そのイールド（構成分布）、プレミアム、為替、比重によって実現される。しかし、この予想にどの程度の正確性が確保されているのか、判断が難しい場面は多々ある。というのも、四半期ベースの国産ナフサ価格は、当該四半期が終わった翌月の月末まで結果がわからないからだ。取引価格がその取引期間を過ぎてもなお不明であるというのは、よく考えると異常なことである。4–6月の石化製品の取引について、同じ四半期の国産ナフサ価格をベースに取り決めたとしても（期ズレ0カ月のナフサフォーミュラ）、貿易統計が発表される7月末まではその値が真に正しいのかわからない。また、4月の月末に当月の石化製品売買金額（4–6月の国産ナフサ価格をベースにした金額）を請求する際、まだ4–6月の国産ナフサ価格は明らかになっていないことから、当事者間で合意した仮価格を前提にする必要がある。第二四半期の最終月にあたる6月末に四半期の営業損益を算出する際、うっかりその前提を変えずにそのまま損益を計算してしまうと、7月末に発表されたMOFが当初設定した仮価格よりも大きく変動していた場合、予想された損益に対して大幅に上下してしまうことになる。この場合、6月末に営業損益を計算する際に、4月に設定した仮価格の洗い替えが必要となる。つまり、4月に仮価格を設定後、変動している2カ月分のナフサや為替相場の変動を織り込む必要があるということだ。また、石化製品の輸入を検討している場合には、並行して使用する国産品の価格がどの程度に落ち着くのか、あらかじめ知っておかないと

調達の判断ができないケースも多々ある。

　このような理由から、時系列での国産ナフサ予想値の蓋然性（≒的確性の度合い）を把握しておくことは大切だ。この蓋然性はナフサ相場と為替がどの程度決定しているかに因ることから、前項で触れた MOF イールドや国産ナフサ価格構成を踏まえれば算出することができる。**表 3-4** に示したのは、四半期の国産ナフサ予想値の決定度合いだ。実はナフサの入着価格は四半期が入る前に約半分程度は既に決まっていることがわかる。例えば 2Q でいえば、4 月 1 日には既にナフサ価格の半分が決定済ということであり、5 月 1 日にはナフサ価格の約 76% が、為替の半分が決定済ということである。四半期毎の国産ナフサ予想値が、今どの程度決着済なのか、反対にどの程度が未決着なのか把握しておくことは大切である。

表 3-4　四半期の MOF 価格におけるナフサ価格と為替の決定率推移（目安）

	1 カ月前	1 カ月目	2 カ月目	3 カ月目
ナフサ価格	18%	46%	76%	98%
為替	−	16%	50%	84%

3.5　ケーススタディ 2018 年 4Q の国産ナフサ価格

　概念的な話をしても理解は深まらないので、ここから 2018 年 4Q の国産ナフサ価格を引き合いにして、具体的にケーススタディをしていきたい。A 社では石化製品の仕入れを同じ期間の国産ナフサ価格にリンクした形（期ズレ 0 カ月ベース）で調達している。2018 年 4Q の石化製品の取引価格は同じ期間（4Q）の国産ナフサ価格にリンクするので、その動向を把握しておくことが必要となる。4Q 初日、10 月 1 日時点で 4Q の国産ナフサ価格がどの程度になるか、情報会社の先物評価を反映させていない国産ナフサ評価値は 58,500 円/KL だった。しかし、この時点ではナフサ価格が 46%、為替が 16% 程度しか決定していない。そのため、未決定部分はある前提を置く必要がある。基本的に情報会

社の評価値は未決定部分に足元の相場から先物評価を加えたベース（この点は本章後述の3.13項フォワードカーブで詳しく説明する）を適用していることから、並行して査定されている、先物評価を使用していないベースの評価値を使用することをお勧めする。今後、ナフサ相場や為替が変動した場合は当然この評価値も大きく変動する可能性がある。そのため、この評価をしたときのナフサ価格や為替の前提を把握しておく必要がある。すると、ブレント原油が83.04ドル、ナフサ相場が727.25ドル、為替が113.92円/ドル（**表3-5**参照）ということが分かる。

表3-5　2018年10月1日時点の相場

ブレント原油（a）	83.04
クラックスプレッド（β）	104.45
ナフサ（$a \times 7.5 + \beta$）	727.25
為替	113.92

　この前提価格を見たうえで、未決定部分の前提をいくらでおくか検討を始める。その際お勧めするのは、上振れケースと下振れケースを作っておくことだ。そうすることによって、国産ナフサがだいたいどの範囲で落ち着くのか、想定できる。これはあくまで筆者の当時の予想になるが、原油は高値警戒感があったことから、上振れケースで84ドル、ナフサと原油との値差を示すクラックスプレッドを110ドルにておいたうえで、ナフサ相場は740ドルを見込んだ（**表3-6**参照。このクラックスプレッドについては後述のアジア相場の解説の中で詳しく説明する）。

表3-6　上振れケース

	上振れケース
ブレント原油（a）	84
クラックスプレッド（β）	110
ナフサ（$a \times 7.5 + \beta$）	740

この前提での国産ナフサ価格は以下の通り算出される（為替は足元の水準を採用した前提）。

（740 + 14.0（プレミアム））× 113.92（為替）× 0.693（比重）+ 2,000 円
= 61,500 円/KL

この国産ナフサ価格を 54％ある未決定部分に適用するが、翌日から値
を上げることは考えづらいことから、未決定部分の割合を 50％とした
うえで算出すると、以下の通りの金額となる。

（61,500 円 × 0.50）+（58,500 × 0.50）= 60,000 円/KL

これにより、上振れケースは 60,000 万円/KL となることを認識できる。
反対に下振れケースでは原油を 73 ドルとしたうえで、クラックスプ
レッドを 75 ドル、ナフサ相場を 622.5 ドルと見込んだ（**表3-7** 参照）。

表3-7　下振れケース

	下振れケース
ブレント原油（α）	73
クラックスプレッド（β）	75
ナフサ（α × 7.5 + β）	622.5

この前提での国産ナフサ価格は以下の通り算出される（為替は足元の
水準を採用した前提）。

（622.5 + 14.0（プレミアム））× 113.92（為替）× 0.693（比重）+ 2,000 円
= 52,200 円/KL

前述の上振れケースと同様に未決定部分にこの値を代入すると、以下
の通りの金額となる。

（52,200 円 × 0.50）+（58,500 × 0.50）= 55,400 円/KL

ここで示したのは簡易的な計算ではあるが、国産ナフサの上振れ、下

振れの可能性について未決定部分のナフサ価格前提を置くことによって算出することができる。まとめると、10月1日時点のナフサ相場前提からは58,500円/KLという評価値となっているが、55,400円～60,000円/KLのレンジで変動する可能性が導き出される。この時点の原油相場は米国がイランに対する経済制裁を強化したことにより、大幅に上昇していたが、米国は原油相場が高値となると国内ガソリン価格が上昇し国内景気に悪影響を与えるとみられたため、ドナルド・トランプ米大統領がサウジアラビアに増産を依頼する可能性が示されていた。そのため、相場にはやや高値警戒感があった。また、ナフサ相場においてはナフサクラッカーから生産される石化原料の採算が悪化しつつあった。今後ナフサの需要が減少する懸念があり、クラックスプレッドは縮小することが想定された。そのため筆者は原油、ナフサ相場はどちらかと言えば下落する可能性が高いと考え、上振れよりも下振れ幅の方が大きいと見ていた。この下振れから上振れの幅におけるどの水準で予想しておく（見積もっておく）かは、読者の自由である。情報会社の予想を参考にするのもいいだろう（ただし、前提となる理由や背景を理解せずに鵜呑みにすることは禁物）。いずれにしても、未決定部分を上振れ、下振れケースの前提に差し替えていくことで、四半期のMOF価格が発表され国産ナフサ価格が確定する2019年1月末（2018年4Qの場合）まで思考停止に陥ることはない。ある程度の幅で調達／販売価格の前提がずれることを覚悟したうえで、裏を返せば、ある一定の範囲内に収まる可能性が高いことを認識したうえで、企業活動ができるのとそうでないのとでは、大きな違いが生まれるということは言わずもがなだろう。

　さて、それから1カ月経過した11月1日、再び情報会社の国産ナフサ評価値を見ると55,300円/KLとなっていた。これまで1カ月間のナフサや為替を振り返ると、10月の原油相場（全時間帯の平均ではなく、毎日のナフサ価格決定時）の平均は80.82ドル、クラックスプレッドの平均は81.04ドルとなり、ナフサ価格の平均は687ドルとなった。また、為替平均は1円程度円高に振れた。ナフサ価格が下落し、為替が

円高に振れたことから、国産ナフサ評価値は前月の評価値から比べて
3,200 円/KL 程度値を下げた。想定通り下振れケースに近い結果となっ
た。しかし、ここで注目しなければならないのは 11 月 1 日時点のナ
フサ相場が 618 ドルまで下落している点だ。それぞれの数値について
は**表3-8** にまとめた。未決定率はナフサ価格が 24％残っており、この
未決定部分について再び前提を置く必要がある。方法は前月と同じで
ある。原油、クラックスプレッドの上振れ、下振れケースを見込んだ
うえで、国産ナフサ価格の予想を算出する。ただし、未決定率が 1 カ
月前よりも減少していることから上振れケースと下振れケースとの値
差はそれほど多くない。筆者が想定したそれぞれのケースの値から算
出すると、54,000 円〜56,000 円/KL となった。米中間の貿易摩擦がヒー
トアップしつつあり景気減速懸念から原油は下落すると見込み、前月
同様に予想価格は下振れケースに近い値で置いた。

表3-8　検討材料まとめ

	上振れ ケース	下振れ ケース	10月の 平均値	11月1日 時点の相場
ブレント原油（a）	84	73	80.82	76.28
クラックスプレッド（β）	110	75	81.04	45.90
ナフサ（$a \times 7.5 + \beta$）	740	622.5	687.19	618.00
為替	112.79		112.82	112.79

　このように、四半期が終わった後も約 1 カ月答え合わせができない
国産ナフサ価格を、結果の発表まで待っているのではなく、毎月特定
のタイミングでその振れ幅を事前に予想しておくことは、自社の原価
管理、調達・販売方針の策定に欠かせない作業となる。毎月、未決定
部分を考える際には、原油やナフサ相場に対するある程度の理解と予
想が必要となる。この相場の見方については、後ほど詳しく触れるこ
ととしたい。

　さて、11 月末には 10 月 MOF の速報値が発表され、10−12 月（4Q）
の予想値のうち、10 月分については速報値を使用できるようになった。
情報会社や大手石化会社の 12 月 3 日時点の 4Q の予想値は 53,500〜

54,000 円/KL となった。12 月の月初の段階で、ナフサ価格の未決定部分は**表 3-4** にも示した通りほとんどないことから、信用できる会社の予想値をそのまま使用することとした。あとは 1 月末に発表される 12 月 MOF 速報値（＝4Q 国産ナフサ価格の決定）を待つのみとなる。しかし、1 月末に発表された速報値は想定を上回る価格（5 万 4,200 円/KL）となった。原価は想定よりも高値となり、収益は悪化した。

　なぜ、これほどのずれが発生したのか？元々、12 月 1 日時点では為替が 16％程度未決定となっており、為替が大幅に円安にずれ込めば、当然 4Q の国産ナフサ価格が上振れしても不思議ではない。しかし、12 月 3 日の為替である 113.64 円／ドルに対して、未決定部分の為替の落付は 113.21 円／ドルと、むしろ円高に振れており、実際筆者以外の予想値はどんどん引き下げられ、12 月中旬には 5 万 3,300 円〜5 万 3,800 円/KL とさらに下落した。なお、筆者の 12 月 15 日時点の予想値は 5 万 3,900 円/KL と世間で最も高値となっていた。

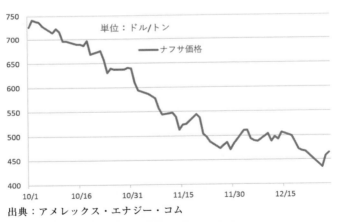

出典：アメレックス・エナジー・コム

図 3-4　2018 年 4Q のナフサ価格（C&F JAPAN）推移

　2018 年 4Q は**図 3-4** に示す通り、ナフサ相場が右肩下がりに下落しており、C&F 契約で調達する数量は断続的に 10％積み増される傾向が続いた。また、ナフサを調達するエンドユーザーにおいてトラブルが頻発し、入着しきれなかったナフサを後ろ倒すケースが見られていた。

そのため、本来入着するべき 30 日前のアジア相場の平均値（カウント）を持つカーゴが少なくなった。そのため、想定よりも早め（9－10 月頃）のアジア相場の平均値が大量に入っており、12 月の入着価格は押し上げられたのだった。

　このように、実際の日本のエンドユーザーによる調達の実勢を把握していないと、細かい予想は非常に難しい。なお、筆者の予想値はエンドユーザー各社に調達価格の緊急アンケートを実施し 12 月 20 日に 5 万 4,200 円/KL へとさらに 300 円/KL 上方修正。結果として、MOF 価格と同額となった。なお、エンドユーザーの調達単価のヒアリングをすることは異例のことだが、エンドユーザーを含む多くの当事者が 2018 年 4Q の MOF 予想が当たっているか不安感があった。また、12 月中旬に経済産業省が発表したエチレン用ナフサ輸入価格（計画値）が大幅に高値となっていたため、不安に思うエンドユーザーの協力を得るのは難しくなかった。仮にエチレン用ナフサ輸入価格を正とした場合、国産ナフサ価格は 5 万 5,700 円/KL と大幅に高値になる可能性があった。エンドユーザーが経済産業省に報告した値の一部に誤りがあったもようで、翌 1 月中旬に公表された実績値では大幅に下方修正

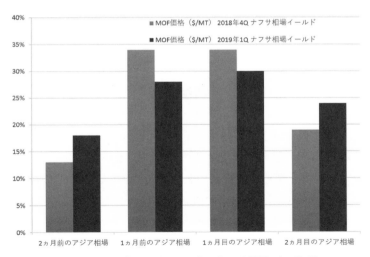

図 3-5　2018 年 4Q と 2019 年 1Q の MOF イールド

された。貿易統計に誤りがあった事例はないが、この経済産業省のデータはエンドユーザーの報告値を集計しているデータであり、その報告内容に誤りがある場合、事実と異なるデータとなる可能性がある。

　このように、四半期の最終月の細かな範囲での予想は専門的な知識が必要となる。2018 年 4Q と 2019 年 1Q の MOF イールドの違いについては、**図 3-5** に示す通り。2018 年 4Q は結果として当 Q2 カ月目（11月）のカウントが通常よりも薄くなった分、1 カ月前や当 Q1 カ月目の高値のボリュームが増加した。一方、2019 年 1Q は前 Q から飛ばされてきたカウントが多くなったことにより、2 カ月前のカウントが通常よりも増加したことがわかる。このように、MOF のイールドは生き物のように形を変えることから、Q の最終月になった際は、信頼のおける情報会社の数値を参考すると良いだろう。

　自分の頭で考えた、ないしは社内で議論した価格前提の見立てをもとに、評価を見直したうえで振れ幅を認識するという「思考の営み」を少なくとも毎月 1 回は実践することはとても大切である。というのも、それをしない限りは、誰かの予想値を無批判のまま受入れるだけではなく、四半期が終わって 1 カ月弱経過しないと決定されない国産ナフサ価格という「ブラックボックス」の奴隷になるほかないからだ。そして、月に一度原油・ナフサ相場の状況を把握しておく良い機会にもなるだろう。

3.6　アジア相場の成立過程と取引スキーム

　国産ナフサ価格は MOF 価格、そして MOF 価格はアジア相場から算出されることが把握できたところで、ここからはナフサのアジア相場について理解を深めていきたい。ナフサのアジア相場創設は 1980 年代まで時代を遡る。1986 年、サウジアラビアが原油価格の公示を廃止し、中東の基準原油はスポット相場を反映するドバイ原油へと移行。欧米でも WTI、ブレント原油の先物が 1983 年に上場されて、固定価格から脱却し当事者間のスポット取引によって変動する新しい相場（市

場）が創設された。すると、これまで石油輸出国機構（OPEC）が価格改定を打ち出さない限り一定となっていた原油相場に変動が生じてくる。ナフサ相場は基本的に原料である原油相場に連動するため、この変動相場に対応できるようなナフサ版アジア相場先物の確立が急がれた。そこでシェルや三菱商事、丸紅らトレーディングハウスが、市場価格評価を実践していたプラッツ社（Platts）と共同でマーケットスキームについて検討を開始。この動きは、1982年に第二次ナフサ戦争が終結し独自にナフサを輸入できるようになった日本のエンドユーザー（特に石化会社を中心としたPEFIC）にも歓迎された。当時は石油会社経由でしか調達できなかったナフサを、ナフサ戦争の結果、自身で調達できるようになっていた。また、石化会社はアジア相場と欧州相場との価格差を疑問視（アジア相場が高すぎると認識）していた。そのため、この先物相場の確立を、これまでの地域間不均衡を是正し原料価格における国際競争力を担保するための一つの契機として捉えた。なお、1980年代はまだ韓国や中国において大規模なクラッカーが立ち上がっておらず、アジアにおけるナフサの需要のほとんどは日本が担っていた。そのため、ナフサのアジア相場は日本到着価格（C&F JAPAN）がベースとなった（そのまま現在に至る）。なお、現在も日本到着価格が相場の前提となっている石油製品は、ナフサのみとなっている。

　ナフサのトレーダー、エンドユーザーと共に、仲介を担うブローキングハウス（リブラ、アメレックス）も協議体に入り、市場参加者全員で、取引をする上での相場の仕組みや基本契約の整備に取り掛かった。後者においては欧州でナフサ取引の基本契約として使用されていたDow Contractを手本に作成したが、品質条項やデリバリー条項等はアジア特有の事情も考慮に入れて、最終的に1986年に当事者間で合意に至った。この契約はオープンスペックナフサ（OSN）契約と呼ばれ、当初は4ページ程度の簡素な契約だった。1992年からは毎年一度、ブローキングハウスとしてペーパー先物や現物取引を手掛けていたギンガ、アメレックスがスポンサーを担い、OSN契約の見直しについて協議の場を設けた。これはOSNミーティングと呼ばれ、アジア太平洋

石油会議（APPEC）と共にナフサ業界人が集結する場となった。なお、これまでシンガポール、東京、博多で催され、29回目の開催となった2020年3月のOSNミーティングは初の韓国・ソウルでの開催が予定された。しかし、新型コロナウイルス（COVID-19）の影響により延期となっている。OSN契約は、このようにOSNミーティングの度に幾度の改変が行われ、2020年3月時点で直近の最新版（2017年ヴァージョン）は34ページへと大幅に内容が増えた。時代の変化や商慣習が複雑化したこと、加えて契約主義（契約にないものは基本的に自由≒売り手のオプションとなる可能性があるという考え方）が市場参加者の共通認識として台頭したことが要因と言える。これまで、アジア域外のナフサを積極的にマーケットに取り組むため、地中海まで対象の積地を広げたり、品質が安定しない積地に対して新たな品質要求を設定したり、売り手が船を大型船へ移し替える（Ship to Ship Transfer）方法を規定したり、揚げ地で滞船が発生した際の滞船料の負担方法を明確化したりと、改定の例は枚挙にいとまがない。

表 3-9　アジアナフサ相場の仕組みと OSN 契約の概要

数量単位	25,000 トン ±10%
価格	2カ月後と2カ月半後の日本到着価格（C&F JAPAN）の平均値 ドル／トン
限月	15日（半月）毎（4月前半到着物など）
品質	OSN契約の品質条件を満たすナフサ －比重　　0.65〜0.74 －色　　　＋20以上 －蒸気圧　最大13（PSI） －鉛　　　最大150ppb －硫黄　　最大650ppm －塩素　　最大1ppm（※） －水銀　　最大1ppb（※） －ヒ素　　最大20ppb（※） －含酸素化合物　最大50ppm（※） －二硫化炭素（CS2）　最大3ppm（域外品など特定の積地のみ）

［注］※品質安定性が確認されている中東における特定の積地は除く

　トレーダー、エンドユーザー、ブローカーら市場参加者の間で協議のうえ策定された、アジアナフサ相場の仕組みやOSN契約の概要（2020

年 3 月時点）は**表 3-9** の通り。アジアのナフサ相場は 2 カ月後と 2 カ月半後に到着するナフサ価格の中値（平均値）が前提となった。なぜこのように遠い期間を参照することになったのか。これは中東から日本までの航海日数（23 日）＋船のチャーターに必要な時間（14 日）＋トレーダーがトレーディングする上での猶予期間（モラトリアム、30 日）から算出されている。より先のマーケットを取引対象とすることにより、マーケットで買った後、相場が上昇後に利益確定の売りに動く（その逆で、売りをつくった後、相場下落後に利益確定のため買い戻しに動くのもしかり）など、現物をトレード目的で動かせる時間が長くなる。例えば、4 月前半到着物の需給が悪化する（ナフサ相場が下落する）ことを見込んで、4 月前半到着物を多く売り、ショートを作る。そして実際に FOB ベースで中東からナフサのスポット供給が出てきたタイミングで買い戻したり、OSN のマーケット（C&F ベース）で買い戻せば利益が得られるといった具合だ。仮にこの相場対象がより期近の 30 日後などを指していたら、トレードする時間は大きく狭まってしまい、相場の流動性は確保できなかっただろう。30 日後であれば、自分で中東などの積地から調達したものをそのままエンドユーザーにつなぐことしかできない（航海日数だけで 23 日要する）わけで、参加者にとってわざわざ C&F ベースのマーケットを創造する面白みもメリットもない。相場の前提をより期先の限月（2 カ月後と 2 カ月半後）としたことによって、ナフサマーケットの取引数量は確保され流動性が増した。多くの取引数量が認められると、相場の信頼性が担保され、今日に至るまで約 35 年もの間 C&F JAPAN の指標は存続した。現物相場の流動性、信頼性を糧にペーパー先物市場も発展。現在では現物よりも巨大なマーケットを形成し、トレーディングハウスはもちろんのこと、金融機関やエンドユーザーが、ヘッジやトレーディングのツールとして利用している。

　この仕組みについて当時交渉の最前線にいたエンドユーザーの責任者の話では、日本到着価格をできる限り安価にし、日本のクラッカーの国際競争力を失わないために、トレーダーがトレードしやすく（現

物に不足感があっても、売り手が現れやすいように）する狙いがあったとのこと。アジア相場創設当初の日本はクラッカー大増設に伴い採算が悪化していたほか、アジアのナフサ需要増に伴いナフサ相場が高値となり、欧州相場との値差が拡大したことから、相対的に安い原料で製造された欧州産の合成樹脂が日本に多く流入していた。そのため、アジアのナフサ相場のレベルを引き下げることが石化産業の存続に喫緊の課題と、真剣に議論された時代だった。一方、トレーダーにとってもこの30日のモラトリアムは非常に大きなアドバンテージとなった。当然不運に見舞われ、損失がふくらみ姿を消す参加者も存在したが、トレーダーが利益追求のために投機できる「隙」を取引条項に残した点は大きかった。このようにトレーダーとエンドユーザー（＝売り手と買い手）が相互の立場を理解したうえで中間点（両者が納得できる妥結点）を模索する姿勢や営みは、ナフサに携わる人間の精神に現在も引き継がれていると感じる。いずれにしても、基本的なスキームを創造した当時の労と、そしてたゆまぬOSN契約の見直し、自由で活発公平なトレーディングが、現在まで30年以上続く「C&F JAPAN」としてのナフサ相場を支えたと言えよう。

3.7　アジア相場とプラッツ社

　さて、マーケットの骨子は決定したとしても、どのようにそれを査定するかは別の話となる。そこで登場するのがプラッツ社のMOC（Market On Close）方式だ。同社が米国市場で展開した終値価格方式がアジアナフサ相場にも適用された。ほぼ一日中、原油は毎秒変動しているなか、当然ナフサ相場もその時間によって大きく変動する。そのため、どの時点での取引価格をその日のナフサ価格とするかは相場査定のキーとなる。そこで、マーケットの開催時期をシンガポールの平日16時－16時30分とし（3連休前などは12時－12時30分となる）、この30分の間に買い注文（Bid）と売り注文（Offer）を集め、最終的にマーケットの終了時刻（クローズ）に当たる16時29分59秒時点の

マーケットレベルをその日の価格にすることとした。マーケットレベルは 30 分の間で成約された取引価格、ないしは成約がなかった場合は買い値と売り値を参考（買い値と売り値の中値など）にして相場が査定されることとなった。アジア相場誕生後、しばらくは電子上のマーケットが存在しなかったことから、取引はほぼ全てブローカーがマーケットの場となって Bid や Offer を集め、電話や FAX を通じて取引された。その後、IT 技術の進歩に伴い電子上のマーケットの場（ウインドウ）が登場し、現物の取引は簡素化され、ブローカーの出番は減少した。

　このようにアジアナフサ相場はプラッツ社が提供しているマーケットの場を通じて現物価格が査定されており、同社がその場を通じて査定した価格のことを MOPJ（モップジェイ、Mean Of Platts Japan）と呼んでいる。なんのことはない、プラッツ社が査定する 2 カ月後と 2 カ月半後の日本到着価格の中値（平均値）という意味だ。この MOPJ の価格をベースにナフサの現物取引は成立するケースが多い。現物はプラッツ社の査定を基準とするケースが多いが、ペーパー取引ではブローカーが未だ重要な役割を担っており、各ブローキングハウスは独自の査定を作成している。相場の査定は基本的に自由であり、一つである必要はない。その査定方法は様々な方法があることから、欧米の会社ではプラッツ社以外にもアーガス（Argus）社やオーピス（OPIS）社もそれぞれの方法（ヒアリング法など）でナフサ相場を査定している。このナフサ価格の平均値が前に触れた MOF イールドの基礎になっている。例えば 4 月 1－15 日のナフサ相場平均（カウント）で調達を決めれば、自動的にその期間のナフサ相場査定値の平均が価格前提となるというわけだ。複数の査定会社が存在しているが、大概 1 ドル／トン以内のレンジでそれぞれ収まっている。しかし、マーケットの商状によっては、査定方法の違いによって 3 ドル／トン以上異なる場合もある。どの指標を使用するかは売り手、買い手の自由であるものの、ペーパー相場は基本的にプラッツ社の MOPJ をベースとしていることから、アジアでは同社のシェアが最も高い。繰り返しになるが、相場の査定は自由であることから、日本では筆者も独自の査定をしている。

3.8　ナフサ価格の見方

　ここからはナフサ価格の見方について概要を示したい。ナフサ価格は原料に当たる原油の部分とそうではない部分（ナフサの付加価値）に分かれる。この付加価値の部分をクラックスプレッドと呼んでいる。単にクラックと呼ぶ場合もある。ナフサ価格と原油価格との値差（値差≒割れ目なのでクラック）ということだ。例えば3月6日のアジア相場は筆者の査定によると409.125ドルとなっている。ナフサ相場が決定するのはシンガポール時間16時30分頃であることから、東京時間では17時30分頃（時差1時間）のブレント原油価格を参照する。すると、原油が1バレル当たり49.15ドルとなる。バレルとは一樽当たりの容量で、約0.15899キロリットルに相当する。海賊船の樽をイメージしてもらえればいいが、過去にシェリー酒の空樽を利用して石油が取引された名残りとされる。原油は1バレル当たりの価格であることから、それをナフサのトン単位にするためには7.5倍する必要がある。この7.5という数字は、バレルをキロリットルにするために0.15899で割った後、さらにキロリットルからトンに直すためにブレント原油の比重である0.84で割ると導き出される（1÷0.15899÷0.84≒7.5）。ブレント原油（49.15ドル）を7.5倍すれば368.625ドル／トンとなる。この価格が1トン当たりの原油価格ということだ。ナフサ価格からこの数字を差し引けば、1トン当たりのクラックスプレッド（409.125－368.625＝＋40.50ドル）が算出される。

　なお、欧州では容量（バレル）ベースで取引される。この場合は、ブレント原油からの容量ベースの値差によって算出される。例えばこの日のナフサ価格を容量ベースにするにはまずは比重（0.695）を乗じた後、バレルに直すために0.15899を乗じるとアジア相場の容量（バレル）ベースが算出される。この場合、計算すると45.21ドルとなる。これに決定時のブレント原油価格を引きなおすと、－4.04ドル／バレルとなる。重量ベースと容量ベースでクラックスプレッドの視点は異

なるが、意味は同じである。重量ベースが＋40.50に対して、容量ベースが－4.04というのは少し戸惑いを感じる読者も多いかもしれない。やや脱線になるが、このように容量ベースでみると、石油業界にとってのナフサの存在感が読み取れる。石油産業は第１章で触れたように容量商売のビジネスである。原油を製油所にて処理し、原油よりも軽質なガソリンなどの白油に変えることにより容量が増え、トータルでの利益をあげることができる。そういった意味ではガソリンやジェット燃料、灯油、軽油などは容量ベースでも通常原油に対してプレミアム圏にあるが、非目的生産物であるナフサやLPGは容量ベースでは通常ディスカウント圏となる。つまり石油産業からすれば、ガソリンなどで儲けて、ナフサはあくまで損切という見方ができる（とはいえ、石油会社はナフサを少しでも高く販売する努力をしている）。いずれにせよ、第１章で述べた通り、石油化学の世界は基本的に重量ベースであることから、クラックスプレッドを語る際に本書では重量ベースで話をすることとしたい。

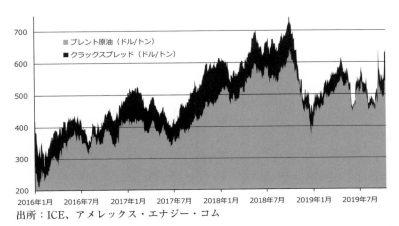

出所：ICE、アメレックス・エナジー・コム

図3-6　2016年から2019年までのブレント原油とクラックスプレッドの関係

　図3-6に示す通り、2016年から2019年のナフサ相場と決定時の原油相場のトレンドを見ると、クラックスプレッドは－12ドルから141ドルと変動が激しいことがわかる。とはいえ、グラフからもわかる通り、

毎日のナフサ価格の約8-9割は原油価格によって決定される。この原油相場はどの原油を参照するべきなのか、考察したい。原油は産地によって相場が分かれている。米国はテキサス州西部のクッシングで引き渡される原油が基準となることから、WTI（West Texas Intermediate）と呼ばれる。また、世界最大の産油量を誇る中東地域において生産される原油はドバイ原油の指標が主に使用されているほか、欧州の原油は北海油田のブレント原油が中心となる。ブレント（BRENT）とは、イギリス北海の海上油田の鉱床名の頭文字（Broom, Rannoch, Etive, Ness, Tarbert）を取った名称だ。また、ロシア産の原油は主にウラル原油と呼ばれている。原油はその地域によって名称が分かれ、それぞれ相場も形成されている。

　アジアナフサ相場は、ドバイ原油ではなくブレント原油を基準としている。アジアのナフサ需給は基本的に120-200万トン程度スエズ以西（欧州、米国）からの供給を必要としている。つまり常に不足ポジションにあると言うことだ。特に域外からの供給は、欧州（ロシア黒海沿岸、アルジェリアやイタリアなど地中海沿岸）からの供給に依存している。そのため、アジア相場は欧州相場よりも20-30ドル程度高値であることが多い。仮に欧州の製油所が複数停止し、アジアへの供給余力がなくなったとすると、欧州相場は大幅に上昇するが、同時にアジア相場も値を上げないと、欧州との値差が縮小し欧州からナフサが仕向けられないことになる（このように、域内外の値差を利用して利ざやを稼ぐ取引のことを裁定取引という）。アジア相場が値位置を変えなければ、欧州からの供給が減少してしまうことから、アジア相場も値を上げることになる。一方、欧州の需給が大幅に供給過多となれば、欧州相場が大幅に値を下げアジア相場との値差が拡大することにより、アジアに多く裁定玉が仕向けられ、アジアの需給を冷やし、相場は必然的に値下がりする。つまり、アジア相場のドライバー（価格決定者）の一つを担っているのが欧州相場ということになる。当然、アジア起因で相場が変化する場合もあるが、アジアの需給は常に売り手である欧州相場の動向がカギを握ることから、アジア相場の基準原

油はドバイ原油ではなく、欧州相場の基準原油であるブレント原油が
ベースとなっている。なお、1980年代はアジアのナフサ需給が供給過
多となるケースもあり、欧州からの輸入が限定的となったことから、
ブレントではなくドバイ原油を基準とする時期もあった。

　このように、石化製品を含め原油由来のあらゆる製品は、その需給
のドライバーを握る相場（地域）の基準原油を前提にする場合が多い
（例えばアジアのベンゼン相場では不足ポジションである米国の相場が
需給のドライバーを握ることから、WTIが基準原油となる）。アジア
のナフサは、将来的に米国からの輸入が欧州のそれを上回ることがあ
れば、アジアの需給のドライバーを米国相場が握ることから、基準原
油はWTIになる可能性もゼロではないが、その可能性は極めて小さい。

　ナフサ価格の見方の基礎について一通り説明したところで、ここか
らはナフサ相場の構成要素の分析、具体的な見方や予想方法について
深堀りしていきたい。日々ナフサ価格を見るうえでは、三つの指標を
見ておくことを推奨する。一つ目はブレント原油相場、二つ目は原油
との値差（クラックスプレッド）、三つ目はフォワードカーブ（インター
マンススプレッド）だ。この三つをおさえておくことで、ナフサ相場
の動向と需給環境をより深く理解することができる。ナフサ相場の8
－9割は原油で決着するとはいえ、原油だけでは相場の変動を説明で
きない事象が多々発生する。また、先に示した表の通りナフサのクラッ
クスプレッドは変動が大きく（ボラティリティが高く）、プラスマイナ
ス150ドルもの振れ幅が記録されている。これは国産ナフサ換算で
11,400円/KL（為替110円ベース）もの変動を導くことから、無視で
きない要素であるということはおわかりいただけるだろう。それでは、
ここからその三つの指標（原油、クラックスプレッド、インターマン
ススプレッド）について具体的にその見方を説明していきたい。

3.9　原油相場の見方

　原油相場は基本的にファンダメンタルズとセンチメントによって形

成されている。そしてそのトレンドは3カ月から半年単位で、①「上昇」、②「下降」、③「ボックス圏で揉み合い」の三つのパターンへと概ね区分できる。ある一定の方向性（トレンド）は、次の大きな変化を示す事案が出てこない限り、変わらない場合が多い。

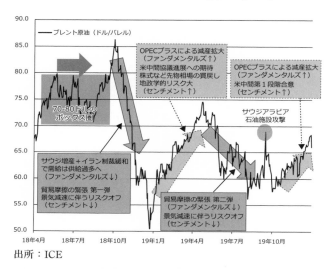

出所：ICE

図3-7　2018年4月から2019年12月末のブレント原油相場推移と解説

　例えば**図3-7**の通り、原油相場のトレンドは一定の期間を三つの種類で区分することができる。2018年2-3Qは「ボックス圏でもみ合い」、2018年4Qは「下降」、2019年1月-4月は「上昇」、同年5月-10月は「下降」（9月14日のサウジアラビア石油処理施設攻撃により相場は瞬間的に値を上げたが、すぐに復旧したため下落トレンド内での突発イベントとして解釈）、同年11月-12月は「上昇」となる。例えば米中間の貿易摩擦が最初に激化した2018年4Qは、両国が設定した高関税により景気が減速するとしてセンチメントが悪化。同時に需要減少懸念が高まった。さらに、供給サイドでは、高値の原油相場を嫌気したドナルド・トランプ米大統領から増産要請を受けたサウジアラビアの供給が増加した一方、米国の対イラン制裁が緩和されたことから、イラン産原油の輸出が想定よりも減少しなかった。結果として、ファン

ダメンタルズ（需給環境）は悪化（供給過多）し、85 ドルから一気に
50 ドルまで値を下げた。このように、大きなトレンドをまず把握した
後は、具体的にファンダメンタルズやセンチメントに対する変動要因
を整理していくと、次第に相場観を持ちやすくなってくる。

　では具体的にファンダメンタルズ（需給）やセンチメントを動かす
材料や毎月注目すべき内容などをおさえていきたい。それぞれの項目
で重要なポイントを**表 3-10** に示す。現物の相場である限り、なにより
もまず需給動向は最も重要なポイントとなる。需給の見通しは国際エ
ネルギー機関（IEA）の月報が最も信頼されている。この他、米国エ
ネルギー情報局（EIA）や石油輸出機構（OPEC）も、毎月中旬に月報
という形で需給の見通しを発表している。EIA や OPEC の月報の数値
は、EIA は米国の、OPEC は OPEC（≒サウジアラビア）の利害関係
から離れられないと見なす市場参加者は多く、IEA が信頼されるゆえ
んとなっている。各月報では特に需要の見通しに対して注目されるこ

表 3-10　原油相場を決定する要素

需要面
・世界の GDP 成長率（IMF、OECD）
・IEA、EIA、OPEC の月報における世界需要動向
・米国における原油在庫、石油製品の需要（EIA 週報）
・新型ウイルスなどによる移動の制限
供給面
・OPEC プラスの協調減産体制
・サウジアラビアとロシアの動向
・米国シェールオイルの動向
・米国による経済制裁の動向（イラン、ベネズエラ）
・中東の地政学的リスク（サウジアラビアとイランとの対立）
センチメント
・株式など先物相場の動向
・政治動向（米中間の貿易摩擦、ブレグジット、EU のポピュリズム）
・主要国による財政出動型景気支援策の動向
・主要国中央銀行による貸出金利など金融政策の動向
・為替動向（ドル vs ユーロ・円・人民元）

とが多い。というのもこれらの定期的な情報を除くと、世界の石油需要の見通しを示す資料はないからだ。IEA月報における世界需要見通しについて、その前提は世界のGDP成長率を参考にして算出されている。GDP成長率は国際通貨基金（IMF）や経済協力開発機構（OECD）の発表した数値がそのベースとなっている。

　供給面では、OPECプラスの減産体制がポイントとなる。OPECプラスとは、OPEC加盟国に非加盟国である9カ国（ロシア、アゼルバイジャン、バーレーン、ブルネイ、カザフスタン、マレーシア、メキシコ、オマーン、スーダンで構成される）の連合体のことで、2017年より減産体制が開始された。そして、2020年3月時点で世界第一位となっている米国の生産状況も注視しておくと良いだろう。米国ではシェールオイルと呼ばれる、2000年代では商業化不可能と臆された頁岩層（シェール層）を粉砕したうえで採取される原油が増産された。しかし、コロナショックと一時的なOPECプラスによる減産体制崩壊により、原油相場が暴落。シェールオイルの生産量は減少しつつある。毎週末に発表される、リグと呼ばれるシェールオイルを生産するための油井を掘削する機械の稼働数（リグ稼働数）や、毎月発表されるEIAの掘削活動報告書（Drilling Report）などが参考になる。原油供給のシェアでみると、**表3-11** の通り、米国、ロシア、サウジアラビアで全

表3-11　2016年と2019年の主要国供給量とシェア比較

	2016年	シェア	2019年	シェア	生産量の変化 （2019－2016）	シェアの変化 （2019－2016）
米国	885	10%	1,223	14%	338	4.0%
ロシア	1,114	13%	1,143	14%	29	0.3%
OPECトータル	3,266	39%	2,934	35%	-332	-3.9%
－サウジアラビア	1,041	12%	977	12%	-64	-0.8%
－イラク	439	5%	468	6%	29	0.3%
－UAE	298	4%	309	4%	11	0.1%
－クウェート	285	3%	269	3%	-16	-0.2%
－イラン	352	4%	236	3%	-116	-1.4%
－ベネズエラ	216	3%	79	1%	-137	-1.6%

出所：EIA月報、OPEC月報、Joint Organisations Data Initiative のデータから算出

体の 40％を占め、サウジアラビアなど中東を中心とした産油国で構成
される OPEC が全体の 35％を占める。そのため、これらの国々や機
関の動きが供給量を決めるカギとなる。また、2016 年と 2019 年を比
較すると、米国がシェールオイル増産によってシェアを伸ばした分、
OPEC が減産を実施することにより、需給をバランスさせていたこと
がよくわかる。

　需給を大まかに把握するのは想像よりも平易だ。石油は一日当たり
の数量（バレル）でカウントされる。ざっくり世界では 1 億バレル毎
日生産、消費し、毎年 100 万バレル／日程度需要が増加すると捉えて
おけばいい。この毎年の需要量よりも米国のシェールオイルの増産が
多かったので、OPEC は減産を強いられてきたというわけだ。通常、
需給をみるうえでは、±100 - 200 万バレル／日（全体需要の 1 - 2％）
分、需要が多いのか供給が多いかで相場は動くと捉えておいておくと
良いだろう。需要が多ければ相場は上がるし、供給が多ければ相場は
下がるということだ。2020 年 3 月の原油相場暴落は、OPEC プラスに
よる減産体制が崩壊し、300 万バレル／日を超える数量の供給が増加
することが端緒となった。また、石油需要が新型コロナウイルスの影
響により 2 - 3 月にかけて大幅に減少し、アナリストの間で年間 700 - 800
万バレル／日の石油需要が前年対比減少すると見込まれた。石油需給
は通常 ±100 - 200 万バレル／日分の変動で上下しているところからす
ると、この需給ギャップはすさまじいものがある。ゆえに相場は暴落
したということだ。

　需給環境（ファンダメンタルズ）のほか、センチメント起因でも相
場は大きく変動する。センチメントは需給動向に間接的に影響を与え
るような政治的ニュースや、株式などの先物相場、景気動向に関する
各種経済指標、主要国の財政出動型景気浮揚策、中央銀行の金利政策
などによって左右される。ブレクジットや米中間の貿易摩擦、新型コ
ロナウイルス感染拡大に伴うロックダウンなどは当然ファンダメンタ
ルズにも影響するが、同時に市場参加者のセンチメントを悪化させる
のに十分な情報となる。また、原油は基本的にドル建てで取引される

ことから、ドル高傾向になるとユーロや円建ての原油価格は上振れするため、原油価格に割高感を感じやすくなる。このため、ドル高＝原油安という傾向が一般的に言われるが、これはあくまで本質からややそれた付加的な要因であり、近年では為替が相場へ与える影響はそれほど大きくない。

　毎月の IEA、EIA、OPEC 月報や米国の EIA 週報など、定点チェックが可能なツールを活用したうえで、OPEC やロシア、米国の動向をニュースや新聞を通じて仕入れていただければ、原油相場について自分自身で語ることができるようになる。頭の中でざっくりとした需給がインプットされていれば、新規のニュースに対して、それによって需給は悪化する（需要が減少するないしは供給過多の方向に進む）のか、改善する（需要が増加するないしは供給不足の方向に進む）のか、センチメントはどのように影響を受けるのか、ある程度判断できるようになるだろう。少なくともこれまでよりは、関心と実感を持ってニュースに向き合えるのではないだろうか。また、大局的な景気動向を捉えるうえで政治経済の重要イベントも整理しておくと良いだろう。**表 3-12**

表 3-12　2020 年の世界政治・経済イベントカレンダー

月	イベント
1 月	IMO 規制開始（船舶燃料の硫黄分を 0.5％以下へ） 台湾総統／議会選 IMF、世界銀行 世界経済見通し 中国春節（24 日〜30 日） 英国 EU 離脱期限（31 日）
2 月	トランプ大統領一般教書演説 米国大統領選予備選挙開始 イラン議会選挙 スロバキア議会選挙
3 月	スーパーチューズデー OPEC 総会（5 日）、OPEC プラス会合（6 日） フランス統一地方選挙 中国全人代開幕 イスラエル総選挙
4 月	IMF 世界経済見通し ASEAN 首脳会議 韓国 国会議員選挙

5 月	ラマダン（4 月 23 日－5 月 27 日） ポーランド大統領選挙
6 月	OPEC 総会（9 日）、OPEC プラス会合（10 日） G7 首脳会議（米国開催） WTO 理事国会議 IMF、世界銀行 世界経済見通し
7 月	G20（サウジアラビア） BRICS 首脳会議（ロシア開催） 米国民主党大会 東京オリンピック（延期）
8 月	米国共和党大会
9 月	香港立法議会選挙 米大統領選テレビ討論開始 国連総会
10 月	IMF 世界経済見通し リトアニア議会選挙
11 月	米国大統領選 国連気候変動枠組み条約締結国会議（COP26） パリ協定から米国が離脱 G20 首脳会議（サウジアラビア開催） APEC 首脳会議
12 月	ベネズエラ国民議会選挙（解散により早まる可能性あり）

に示したのは 2020 年のもの（2019 年 12 月時点の予定であり、新型コロナウイルスの影響から実績とは大きく異なる）だが、こういったスケジュールをネタにして相場の上下を予想するのは正攻法と言える。原油相場を理解することは、世界の政治・経済動向を深く知ることに直接結びつけることができるので、事業活動のみならず自身の世界情勢に対する知見や考え方を鍛える意味でもプラスに働くだろう。

3.10　原油需給の大幅な変化

　せっかく原油のマーケットに触れたので、2002 年以来の安値に沈んだ 2020 年 3 月～7 月の原油相場を解説しておきたい。というのも 10 年スパンでの大きな変動が見られたからだ。産油国の動向や需要動向がマーケットに大きな影響を与えることへの良い勉強材料となるだろう。

　3 月 5－6 日に行われた石油輸出国機構（OPEC）総会は市場参加者

にとって「まさか」の連続だった。元々新型コロナウイルスによる需要の減速が懸念されるなか、サウジアラビアが示した追加減産案をロシアが拒否したうえに、これまで供給を減少させることにより石油需給の安定を支えてきた OPEC プラスの減産について何ら合意はなく、4 月以降の生産制限がなくなってしまった。さらに、破談後はサウジアラビアが早々に販売価格の大幅な値下げを表明し、日量 1,200 万バレルを超える増産（2 月の生産量は日量 968 万バレル）を実行していくことを表明した。これを受け、原油相場は**図 3-8** に示した通り、3 月 6 日から週末をはさんで約 15 ドル／バレルも下落。ナフサ相場は原油の下落に伴い自動的に約 100 ドル／トンも値を下げた。その後、新型コロナウイルスの影響により石油需要はマイナス成長になるとの見通しが国際エネルギー機関や金融大手から発表され、需要の減速を背景に相場はさらに下落した。

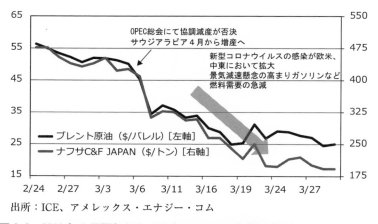

出所：ICE、アメレックス・エナジー・コム

図 3-8　2020 年 2 月下旬から 3 月末にかけての相場暴落（コロナショック）

　2016 年 12 月にロシアも含めた OPEC プラスとしての協調減産の枠組みが整備されて以降、3 年超もの間、想定需要量に合わせるかたちで供給を減少させることにより OPEC は世界の石油需給均衡に努め、相場を安定させてきた。相場が下落すれば OPEC プラスが減産をするという構図は、もはやマーケットの共通認識となってきた。その結果、

これまでサウジアラビアを中心とした OPEC が減産をした分は米国シェールオイルがシェアを伸ばした。そもそもなぜサウジアラビアがこれほどまでに減産にこだわってきたのか、減産体制が崩壊したことにより初めてその本音の部分が見えてくる。

　一つ目の理由は、承知の通り原油価格の引き上げだ。米国との増産合戦に伴いドバイ原油が 30 ドル台で推移した 2016 年前半は、産油国の財政が悪化したことから、その教訓を生かして積極的に減産を実施した。協調減産開始前の 2016 年 12 月のサウジアラビアの産油量は日量 1,045 万バレルだったところから、直近の 2020 年 2 月は日量 970 万バレルへと減少している。仮に減産をしなかった場合、相場は 35 ドル近辺だったことから、1 日当たり 3 億 5,575 万ドルが原油販売収入となる。しかし、減産を実施したことにより相場は約 60 ドルまで持ち上げられ、原油の生産量を減らしても 1 日当たり 5 億 8,200 万ドルもの原油販売収入へと引き上げられた（減産分の原油生産コストも浮くことから、収益はさらに良化する）。単純に 1 日当たりの収入増（2 億 2,625 万ドル）を年で換算すると 825 億 8,125 万ドルとなる。この莫大な増益分はオイルマネーとして、株式や不動産開発、次世代事業などへと流れ、世界経済を支える一端を担ってきた。

　二つ目の理由は、原油生産第 2 位のロシア（1 月の産油量は約日量 1,130 万バレル）と手を結べた点だ。米国のシェールオイルは野放しにしても生産の限界が出てくることをサウジアラビアは想定していた可能性がある。そのため、毎年日量 100 万バレル程度増加する石油需要を米国だけでは支えきれないと見切っていたのではないだろうか。OPEC プラスの減産体制は米国を除いた上で最大のライバルとなるロシアの「抜け駆け」を防止する格好の仕組みだったと言える。

　ロシアのウラジーミル・プーチン大統領は OPEC 総会の前日に 42 ドル水準でも十分採算が合うことを説明し、追加減産には慎重な立場を取っていた。これまで 3 年に及ぶ減産体制に対して、エネルギー企業からの圧力もあり、今回の追加減産は飲めないという姿勢を暗示していた。実際 OPEC プラスの会合では追加減産について破談に終わり、

OPEC 主導での減産体制が示される期待が残った。しかし、実際は OPEC 主体での減産も明示されなかった。サウジアラビアが減産をしないということ＝OPEC が減産をしないことと同意だからだ。OPEC 生産量の約35％を占めるサウジアラビアが減産しなければ、自助努力だけで需給を支えることはできないため、周辺諸国にとってはサウジアラビアの決定を傍観するほかない。

　ではサウジアラビアがなぜここで減産を表明しなかったのか。それは前掲の協調減産に参画した理由の二つ目に関連すると推察される。原油生産量世界第2位のロシアが開発、増産を進めれば、必然的にサウジアラビアの産油量はさらに減少するほかない。本来、最も競争力あるコストで生産できるサウジアラビアが、なぜ高コストな米国やロシアの増産を見過ごし、粛々と減産を進めるのか、その先にあるのは永遠にシェアの縮小だけではないのか。そういった疑念がサウジアラビア政府内であったと推察できる。これまでは米国のみだったが、今後はロシアも増産可能となることで、もはや協調減産にくみする意味がなくなってしまった。「市場原理に従えば生き残るのは我々だ」というサウジアラビアの強い意志が、減産体制崩壊を導いたと言える。その後4月上旬の G20 産油国を巻き込んだ日量 1,500 万バレル規模の協調減産に至るまで、約1カ月の間、2016 年以来となる産油国間の価格戦争が繰り広げられた。

　これによって最初に打撃を受けたのは米国シェール勢となった。これまでの原油相場を前提に油井探査、掘削、増産を図ってきた石油会社は投資計画の抜本的な見直しを余儀なくされた。シェブロンフィリップス、マラソンオイル、オキシデンタルペトロリアムら米国大手石油会社は、投資を縮小し増産計画の見直しを発表。資本力のあるそれらの会社は、投資の縮小で今回の逆風に対処することが可能だが、中規模のシェールプレーヤーはただでさえ 2019 年後半から資金繰りがきびしくなってきたなかで、今回の変動が致命傷となった。自転車操業の色合いが濃いシェールオイルにとって、2020 年度の債務償還が困難になることは必至となり、ホワイティングペトロレアムやチェサピーク

エナジーを始めとした中堅シェールプレーヤーは破産へと追い込まれた。実はコロナショック以前から、シェールオイルの生産については2020年後半〜2021年前半でピークアウトするとの論説が目立っており、IEAや米国大手金融機関は、相次いで米国の原油生産量を下方修正していた。サウジアラビアはこの状況を見極めたうえで、コロナショックによる大幅な需要減少をかつてないチャンスと捉え、増産へかじを切り、結果として最大のライバルだった米国シェールオイルを窮地に追いやることに成功したと言うことができる。

　米国は、これまで油価が低位安定することは石油産業にとってマイナスだが、それ以上に大切な自動車産業など社会全体の景気にプラスに働くことから、高い原油相場に対して嫌気する（サウジアラビアに対して増産圧力をかけるなど）ことはあっても、安値の原油に対してはこれまで何か対処することはなかった。しかし、シェールオイルが米国にとって重要な産業の一つとなり、「エネルギー大国としての米国」の原動力を担うと、それをドナルド・トランプ米大統領は声高に国民にアピールした。そのため、同氏は原油が安すぎるということに対しても何かしらの対応が必要と考え、米国はロシアとサウジアラビアとのブローキング（仲介）を実施することにより、協調減産体制の再構築にこぎつけた。執筆現在（2021年1月中旬）では、先進国を中心とした過去最大規模の財政出動型景気刺激策や、新型コロナウイルスに対するワクチン開発を背景に、WTIは1バレル当たり50ドル台へと買い戻されている。しかし、それでも米国シェール勢はコロナショックが痛手となり増産できる状態になく、シェールオイルが2019年の生産水準へと回復するのはEIAの調べでは2023年の予想となっている。

　2008−2009年におけるリーマンショック後の相場の反発と同様に、相場は値を戻しつつあり、市場のムードも平常心を回復している。とはいえ、今後の道のりはリーマンショック後よりも増して不透明感が高い。リーマンショックは金融経済のバブル崩壊による一時的な実体経済（ファンダメンタルズ）の悪化と言える。しかし、コロナショックは世界の人間に「新しい生活様式」へと、ファンダメンタルズその

ものの変化を迫っている。IATA（国際航空運送協会）によると、国際線の需要がコロナ以前の水準に回復するのは 2024 年の見通しで、航空機（ジェット）燃料の需要回復は 2024 年まで時間を要するということになる。電気自動車の需要も増加することが想定され、ガソリン需要の伸びも鈍化する可能性は否めない。また、植物資源を原料としたバイオ燃料への転換も加速することが見込まれ、原油由来の石油製品の需要を下押しすることも想定される。

　供給面ではオイルメジャーらが投資を抑制したことにより、今後の原油供給が減少する可能性はある。イランやベネズエラなど米国による経済制裁によって原油輸出が大幅に減少した国では、米国の中東政策如何によって大きく情勢が変わるだろう。両国における原油は経済制裁前と比較して合計日量 250 万バレル以上減少しており、米国で民主党のジョー・バイデン氏が大統領に就任したことにより、外交戦略の抜本的な転換が見込まれ、再び市場にそれらの原油が回帰する可能性もある。そもそも、**表3-11** に示した通り、世界の石油需給において米国のシェールオイルが増産された分のツケを払っているのはイランとベネズエラであり、サウジアラビアの減産貢献度は小さい。米国によるこの両国への経済制裁の動向には注視すべきだろう。

　一方、米国とイランとの対立構造が続けば、中東の地政学リスクは高止まりすることが想定される。イラクなど中東地域への米軍派遣規模を縮小することによって生じる政治的・武力的空白に、シーア派の三日月の完成（シリア、イランにレバノン、イエメン、イラクを加える）を企図するイランが関与を強めており、緊張状態は新型コロナウイルスへの報道の陰であまり報じられないだけで、紛争の火種はくすぶり続けている。

　このように、需要面、供給面、地政学的リスクと、有象無象の材料を背景に、原油相場は今後も大幅に上下することが想定される。なお、2003 年からこれまでの相場の変動は **図3-9** に示す通りだ。これより以前は第二次オイルショック以降約 20 年間もの間、突発的な値上がりがあったものの、1 バレル当たり 20 ドルと低位安定していた（2004 年

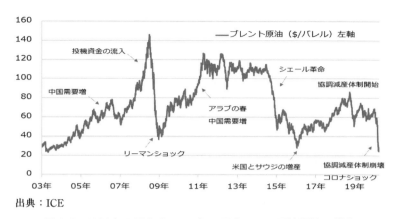

出典：ICE

図 3-9　2003 年 1 月から 2020 年 3 月末までの原油価格の推移

以降の投機資金流入が与えたインパクトは非常に大きいと言える）。

3.11　クラックスプレッド

　続いて二つ目のポイントであるクラックスプレッド（ナフサ相場）に視点を移していきたい。ナフサ相場は原油とその値差のクラックスプレッドにて決定されるという点は前に述べた通りだ。このクラックスプレッドがナフサの需給環境を表しており、ナフサのトレーダーはこのクラックスプレッドの値動き（上がり下がり）を予想することで儲けを出している。原油相場はファンダメンタルズのほか、市場参加者のセンチメントによっても左右されたが、それはナフサ相場（クラックスプレッド）においても同じだ。しかし、読者は日々のナフサのトレードというよりは、基本的には週単位、ないしは月単位でどのように変化するのかという点に関心があると想定されることから、ファンダメンタルズ（需給環境）を中心に解説していきたい。

　ナフサのファンダメンタルズとクラックスプレッドの関係については、**表 3-13** の通りとなる。供給過多であればクラックスプレッドは－50 ドルから＋50 ドル、バランスした状態となれば＋51 ドルから＋80 ドル、需要過多となれば＋81 ドルから＋150 ドルにて推移する。その

表 3-13　クラックスプレッドと需給環境との関係（目安）

クラックスプレッド	需給環境
+81〜150	タイト（供給不足）
+51〜80	バランス
−50〜+50	ダル（供給過多）

表 3-14　需要と供給に影響を与える要素

需要面
・クラッカーの定修状況（特に東南アジア、韓国、日本）
・クラッカーの稼働率（採算）、新増設の動向
・ライバル原料（LPG、コンデンセート）の競争力
・重質原油希釈向けの需要
供給面
・製油所の定修状況（特に中東、インド、韓国）
・製油所の稼働率（採算）、原油処理の動向
・リフォーマーの稼働率（採算）
・欧州、米国の需給（相場）動向
・裁定玉の船の運賃

ため、クラックスプレッドを見ればだいたいナフサの需給がどのような状況におかれているのか理解できる。アジアのナフサ需給は状況によって異なるが常に 120〜200 万トン程度不足したバランスにある。そのため、常に域外からの供給が必要となるが、まずはアジアでどの程度の量の域外品が必要なのかという点が重要となる。例えば、多くのアジアのクラッカーが定修で停止しているとすると、ナフサの需要は減少するため、域外からのナフサの供給はそれほど必要ないバランスとなる。一方、中東やインドを中心に製油所の定修が重なると、今度はナフサの供給が不足するため、域外からの供給を多く求めるかたちとなる。まずはアジアの需給がどの程度域外からの供給を必要とするか、という点がナフサ相場を読むスタートポイントとなる。

　ナフサの需給を読み解くのは容易ではないが非常に面白い。というのも、**表 3-14** に示した通り、実に多くの材料から影響を受け変動するからだ。まずは、供給面から説明していきたい。第一章で述べたよう

にナフサはあくまで製油所の副産物であり、ガソリンにこれ以上混ぜきれない、余剰となった炭化水素油だ。日本の石油会社が石化会社にパイプラインで販売しているナフサの数量に関する取り決めで、「出まま」という言葉が（あくまで口頭で）使用される。これは、数量の変動に対する取り決めがないということであり、製油所は計画値を石化会社に通知するものの、実際の供給量は製油所から「出てきた数量そのまま（略して「出まま」）」販売するということだ。この「出まま」販売は他の製品では非常に珍しい形式だが、ナフサ業界では広く理解されている。なぜなら、ほとんどの石油会社は、ナフサの販売担当者ですら、実際に翌月のナフサの生産がどの程度になるのか、把握することが難しいからだ。製油所はガソリンの販売計画に基づき、ナフサのブレンド数量を決定するが、ガソリン在庫が積み増されたり、相場が下落してマージンが悪化したりすれば、生産を減らす必要がある。するとガソリンブレンドや、リフォーマー装置向けのナフサの数量が減少することにより、石化会社へ仕向けられるナフサの数量は増加する。一方、ガソリンのみならず灯油や軽油など石油製品全体の市況が低迷し、製油所全体の採算が悪化すれば、今度はおおもとの常圧蒸留装置（トッパー）における原油処理量が引き下げられることにより、ナフサの供給は減少する。つまり、ガソリン相場や製油所の採算によってナフサの供給は左右されるということだ。それだけではない。製油所にて処理する原油の種類によってもナフサの生産は変動する。例えばシェール由来の軽質原油とメキシコの重質原油では比重が0.14程度も異なる。0.14というと、第1章でも述べた通り、化学の世界では物質そのものが異なるレンジとなる。製油所で処理される原油によって、3－6%程度ナフサの供給量が変わってくる。製油所は、需要動向や相場の変動に機敏に対応し、経済合理性を追求することから、ナフサの生産が実際にどの程度の数量になるのかという点は、販売を担当する営業マンですら必ずしも事前に明確にはできないのだ。

　ナフサの需給を見通すことの難しさをわきまえた上で需給を押さえるポイントを解説することとする。まずナフサの供給動向を知ってお

くという意味では輸出数量の多い中東、インド、韓国の製油所の定修状況を把握しておくだけで十分だ。製油所の採算やガソリン相場の動向も、月一回程度でいいので、把握しておくと次の展開まで想像力を広げることができる（例えばガソリンと原油との値差がマイナス圏となっていれば、ナフサ相場も弱含む可能性があるとか、製油所の採算がマイナス圏になっていれば今後減産が広がり、ナフサの生産が減少し、ナフサ相場が反発する可能性があるなど）。プロピレンやベンゼン、パラキシレン誘導品を取り扱っているのであれば、第1章で述べた通り、結局それらの石化製品も製油所（特に FCC 装置やリフォーマー装置と呼ばれる二次装置）の稼働によって影響を受けることから、一石二鳥となる。

　一方、需要面は主にクラッカーやリフォーマー装置向けの需要に左右されるが、クラッカー向けの需要が圧倒的に多い。アジア相場における需要家は、ナフサを輸入する東アジアの石化会社がメインとなる。クラッカーの集積地である日本や韓国、台湾では、隣接する製油所からのパイプラインでの供給だけではナフサの供給が不足しており、タンカーで輸入する必要がある。**図 3-11** の通り、東アジアでは日本、韓国、台湾の輸入数量が圧倒的に多い。中国の輸入量が少ないのは意外に思われるかもしれないが、中国では製油所のナフサ供給と石化の需要がほぼ均衡しており、輸入量はそれほど多くない。輸入元は**図 3-10** の通り中東が半数を占めるが、欧州やロシア、米国などの域外からも 26％程度輸入している。ナフサの需要は主に JKT（日本、韓国、台湾の英名のそれぞれ頭文字を取った呼び方）と中国、東南アジアがメインとなり、この地域のクラッカーの定修や稼働率の上下によって需要が変動する。この稼働率の変動についてはクラッカーの採算（クラッカーマージン）によって左右され、1トン当たりのナフサ原料に対して生産されるエチレンやプロピレンなどの製品価値との差（マージン）がどの程度かによって決定される。例えば、2019 年 12 月〜2020 年 1 月中旬のクラッカーマージン平均はトン当たり 13 ドルと、限界コストである1トン当たり 60-90 ドルを割り込んだことから、アジア域内

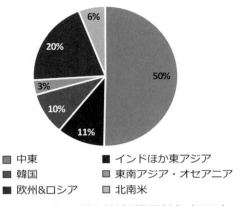

図3-10　東アジアの輸入地域別数量割合（2019年、%）

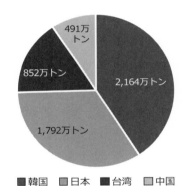

図3-11　東アジアの国別ナフサ輸入数量（2019年、トン）

のクラッカー稼働率は引き下げられ、ナフサ需要は減少した。

　経済産業省が発表した2020年1月のエチレン生産量は51万8,700トンと、対前年で10%程度引き下げられた。エチレンの生産量が約5万トン減ったということになるので、ナフサの逸失需要数量は約3.3倍の16万5,000トン分となる。16万5,000トンというのは1月の日本全体のナフサ輸入量の約10%を占め、少なくない数字である。また、2020年3月にロッテケミカルのクラッカー（エチレン生産量＝110万トン／年）が火災のため停止したが、これによって少なくとも一月当たり20万トン程度のスポット需要が失われた。このように、クラッカーの定

修状況と稼働状況はナフサ需要に大きなインパクトを与える。

　需要面で最後にもう一つ、チェックすべき点がある。それは、クラッカーの原料として使用される液化石油ガス（Liquified Petroleum Gas, LPG）相場だ。LPG はプロパン（C3）、ブタン（C4）の総称であり、主に C5-C10 で構成されるナフサよりも炭素数が少ない、軽質な炭化水素。常温常圧環境下では気体として存在しており、通常冷却し高圧にすることで容積を圧縮したうえで、輸送、保管される。クラッカーは LPG がナフサよりも安価な場合、ナフサの代わりに LPG を調達し分解原料として投入することができる。LPG はナフサを分解するよりも、分解するためのエネルギーは少なく済むが、生産される石化製品はナフサよりも炭素数が少ない分、軽質なエチレンやプロピレンが中心となり、ブタジエンやベンゼンなど炭素数が 4 以上の製品はほとんど生産されない。これはエチレンやプロピレンが高値の場合はむしろプラスに働く。

　LPG がナフサよりも安値となっている場合、クラッカーは LPG 分解を最大化させることから、ナフサ需要にとってはマイナスに働く。一方、LPG がナフサよりも高値となった場合は、ナフサ分解を最大化させるため、ナフサ需要を増加させるというわけだ。なお、アジアでは LPG の分解能力は欧米に比べて低い。特に日本では最大でも全体の分解原料の 15％程度しか投入できない状況（ただし、LPG を分解可能にするため、複数のクラッカーが改造を加えており、今後は 20％程度まで増加する可能性がある）。シェール革命に伴い、軽質原油が大量に生産されると当然 LPG の生産量も増加する。そのため、LPG は供給が増加することにより、相場はナフサ対比安値で推移するケースが多くなってきている。この環境変化を前提に世界のクラッカーでは LPG 分解能力を引き上げる動きが増加した。

　需要、供給、LPG 相場の三つをおさえておくことで、アジア全体でのナフサの需給イメージ（余剰？それとも不足？）が頭にインプットできる。あとは域外からの流入がどの程度になるのかという点をおさえれば、取り急ぎ需給の大枠はおさえられる。域外からの流入量は、

欧州や米国の需給がどのように推移しているかに左右される。欧州と米国間の需給は大西洋を介して間接的につながっており、特に原油やガソリン、ナフサはタンカーで大量に行き来している。そのため、欧米の相場は互いにけん制し合う関係にあり、どちらか一方のみが大幅に値を上げるということは稀だ。米国は世界一の石油消費国であり、ガソリン需要は最も多く、ナフサはその多くがガソリンブレンドに消費される。米国では元々天然ガスやその随伴液から採取されるエタンや LPG が、クラッカーの主要原料となってきた。欧州においても LPG の使用比率はアジアよりも格段に高いことから、ナフサ需要のなかでクラッカー向けのナフサ需要が占める割合は小さい。そのため、ナフサ相場は欧米の方がアジアよりもガソリン相場との連動性が高い。欧米のナフサ需給はガソリン需給と密接に関係していることから、米エネルギー情報局（EIA）週報におけるガソリン在庫や需要の推移は、欧米の需給を紐解く一つの指標として市場参加者が注視している。なお、アジアに流入する域外ナフサのうちその 70-80％は欧州からの流入だ。主な積地や入着数量は**表3-15**に示す通りだが、地中海沿岸や黒海沿岸が圧倒的に多い。なお、米国はヒューストンやボーモント、コーパスクリスティなどメキシコ湾岸の積地から入着している。このように、欧米相場はアジア相場に対して裁定玉を通じて間接的に影響を与えていることから、その動向をおさえておくと良いだろう。

　まとめると、ナフサ相場（≒クラックスプレッド）を把握するためには、アジア域内の需給を知ることが大切である。そして需給を把握するためには、①製油所の稼働状況や採算性、②JKT を中心としたクラッカーの稼働状況や採算性、③LPG 相場の値位置、④域外である欧米相場の動き（≒ガソリン相場）を大まかに知っておくことが、大切となる。これにより、過去の相場の動きに対する理解を深めることができるほか、今後の見通しについても自分なりの予想を展開することができる。MOF 価格の予想前提を策定するのに寄与するのみならず、生きた相場として関心を持ってナフサ相場と接することができるだろう。なお、①〜④の情報については、無料で入手できるものはほとんど

表3-15　域外品の国別内訳（2020 年 4 月到着分、トン）

地中海沿岸　合計	735,000
−アルジェリア・スキクダ	240,000
−エジプト・スエズ	140,000
−イタリア・ミラッツォ	80,000
−ギリシャ・エレウシス	80,000
−スペイン・ウェルバ	35,000
その他	160,000
黒海沿岸　合計	540,000
−ロシア・トゥアプセ	300,000
−ロシア・ノヴォロシスク	240,000
北海、バルト海　合計	160,000
−ロシア・ウストルーガ	80,000
−ノルウェー・モングスタッド	80,000
米大陸　合計	310,000
−米国・ヒューストン	170,000
−米国・ボーモント	35,000
−メキシコ・パハリートス	35,000
−ペルー・ピスコ	70,000
域外品　合計	1,745,000

ないことから、各情報会社からのレポート等を通じて得ることとなる。

3.12　2019 年のナフサ相場

　2019 年の相場の動きを引き合いに、ナフサ相場がどのような要因で
変動するのか、実際の事例を用いて説明していきたい。2019 年のクラッ
クスプレッドの推移は**図 3-12** に示した通り。供給過多及び需要過多と
なるタイミングがそれぞれ訪れたが、11 月までのクラックスプレッド
平均は 37 ドルと 2018 年に比べて 40 ドル強も下落した。そのため、
2019 年は 2018 年に比べて総じて供給圧力が高いバランスにあったと
言える。クラックスプレッドの平均が大幅に下落した要因は、アジア
の製油所において米国産の軽質原油（シェールオイル）を多く処理し

ナフサの供給が潤沢になったこと、そして中国においてメガリファイ
ナリー（巨大製油所）が立ち上げられた一方、隣接して稼働を開始す
る予定だった大規模クラッカーは稼働開始が遅れたことから、中国の
ナフサの輸入量が減少したことが挙げられる。以下、時系列的に相場
の推移の背景や要因を紹介したい。

出典：アメレックス・エナジー・コム

図 3-12　2019 年のクラックスプレッドと I/M スプレッドの推移

　1月〜2月にかけて、米国のガソリン需要が前年割れの状況となるな
か、米国シェールベースの NGL（天然ガス随伴液）から生産される軽
質油（LPG、ナフサ、ガソリン）の供給が増加。世界的に軽質油の需
給がだぶついた。そのため、米国や欧州から大量の裁定玉（200 万ト
ン／月程度）がアジアに入着し、相場を冷やした。また、ロッテケミ
カルなどアジア域内のクラッカーが不具合により停止した点も需要の
減少要因となった。一方、ガソリンが供給過多となったことから製油
所の採算が 10 年来の低水準となり、製油所の減産が進行。ナフサの供
給が絞られたほか、アルジェリア・スキクダ製油所やロシア・黒海周
辺の製油所から輸出されるナフサが、濃霧に伴い荷役不可能となった
点は支援材料に。クラックスプレッドは低位の 20−40 ドルでもみ合う
展開となった。しかし、3月 16−18 日にかけて偶発的に発生した米国
製油所の火災やヒューストンの運河に隣接したタンクヤード火災に伴
い、米国のナフサ生産や輸出が減少。3月中旬には 60 ドルをトライす

る場面もあった。その後、米国によるイラン制裁への緩和措置が5月に失効し、韓国がイラン産コンデンセートを輸入できなくなり、代替としてナフサの需要が増加するなど強材料も見られたが、アジア市場では現物のタイト感がなく、供給が潤沢となったことから60ドルを超えることはなかった。

　5月〜6月には相場が大幅に下落。韓国ハンファトタールのクラッカー（エチレン生産能力＝109万トン／年）において、従業員の賃上げストライキが長期化したことからクラッカーの定修が2カ月間長期化した。同社は製油所にあるナフサスプリッターから軽質ナフサの供給を受けてクラッカーを操業しているが、クラッカーの定修明けが長引いた分余剰となった軽質ナフサを日本や中国に輸出。ナフサの需給は急速に緩む方向へ向かった。また、恒力石化の大規模な石油精製＆石油化学コンプレックスがスタートアップしたことによりパラキシレンの相場が下落。ナフサを原料にパラキシレン原料を生産するリフォーマー装置の採算が悪化。リフォーマーの稼働が引き下げられたことによりナフサの需要は減少した。また、それまで中国は平均して60万トン強輸入していたが、恒力石化の製油所からナフサが供給されたことにより中国の6月の輸入は20万トン台まで減少。需要減によりナフサの需給環境は供給過多となり、6月にはクラックスプレッドはマイナス圏まで下落した。

　6月下旬以降は米国のフィラデルフィア・エナジー・ソリューションズの製油所（原油処理量＝33万5,000バレル／日）において爆発火災が発生し、稼働を恒久的に停止させるなど製油所の供給が細ったことから、欧米のガソリンやナフサ相場は上昇。また、ホルムズ海峡で台湾CPCが傭船したナフサ船が攻撃を受け、爆発炎上した。アラビア湾沿岸の製油所からのナフサ供給に対して不安が高まり、相場を支援。40ドル程度まで値を戻したが、中国において製油所と同時に立ち上がる予定だった浙江石化（エチレン生産能力＝140万トン／年）のクラッカーの立ち上げが延期され、中国のナフサ輸入は低位にて推移。クラッカーの定修も重なったことから9月にかけて再び下落した。

　9 月 14 日にサウジアラビアの原油処理設備が爆撃を受けると、ナフサ相場の商状は一変した。サウジアラビアからのナフサの供給が細り、アジア相場は急騰。同国にあるサスレフ製油所が定修を前倒して実施したほか、アラビアンライトと呼ばれる軽質原油の供給が細り重質原油に置き換えられたことから、製油所からのナフサの生産は減少し、輸出量は減少した。ナフサを多く輸出してきた韓国やカタールの製油所における定修も重なり、供給は減少した。同時に、米国が中国海運会社 COSCO に対してイラン産原油を積載した疑いから制裁を課し、複数のタンカーがマーケットから排除されたことにより、タンカー市況が大幅に上昇。原油のタンカー市況は一時 6 倍以上にまで上昇し、ナフサ船も 2 倍以上の運賃となった。ナフサ相場は C&F JAPAN（日本到着価格）が基準となるため、運賃が大幅に上昇した分は相場に直接反映された。また、原油の輸入費用がかさんだことから一部の製油所は稼働を引き下げた。このようにタンカー市況の上昇もナフサのクラックスプレッドを押し上げる材料となり、結果として 2019 年後半は地政学的要因が、原油相場のみならずナフサ相場をも間接的に押し上げる要因となった。期近の需給はタイトとなり、11 月末にはクラックスプレッドは 100 ドルをトライする展開に。しかし、ナフサ相場が値を上げたことにより、石油化学のマージンが縮小。クラッカーやリフォーマーが引き下げられたことから、ナフサの需要は減少し、クラックスプレッドは 60 ドル台まで反落して終えた。

　このようにナフサ相場は原油相場同様に様々な要因で上下し、各タイミングでストーリーを形成する。2019 年はクラックスプレッドの変動が非常に激しい年となったが、それぞれの場面で注目を集めるトピックスが異なることがわかる。マーケットが注視しているアイテムを把握しておくだけでも、相場の理解につながるだろう。

3. 13　フォワードカーブ

　ナフサ相場で重要なポイントのうち、これまで原油相場の動き、ナ

フサ相場（≒クラックスプレッド）について解説してきた。最後に、三つ目のポイントであるフォワードカーブを説明したい。

　唐突ではあるが、モノの価値は入手できるタイミングによって大きく変わる。例えば新型コロナウイルス感染拡大に伴う社会不安を背景に、マスクやトイレットペーパーの需給がタイトとなり、入手が困難になったのは記憶に新しい。このような需給バランスが逼迫している際は、3月前半に届くトイレットペーパーと9月前半に届くそれでは大きな価値の違いがあるということは、理解いただけるのではないだろうか。その象徴はネットで見られた高額な転売価格だろう。500円足らずで購入できるものが、その10倍の値が付くケースもあった。つまり、それだけ期近の（より時間的に早く入手できる）トイレットペーパーに対し、より高い値段が付いているわけだ。このように、需給が逼迫していると期近の現物の価値が、期先に引き渡される現物の価値よりも引き上げられる。この状態をバックワーデーションという。一般的にバックワーデーションの場合は需給がタイトな状況となる。余談になるが、筆者が家で備蓄していたトイレットペーパー1セットを取引先の方にお届けした。その際、取引先の方からスワップ（交換）でいいですかと言われた。「お気になさらず」と回答したが、その方は「足元需給タイトなので半年後にお返しするとしても、バックワーデーション分のタイムバリューをお支払いしないといけないですね」と冗談交じりに答えた。これは何を言っているかといえば、簡単である。トイレットペーパーは入手困難なので、今日引き渡されるものをいつか買ってお返しするとしても、その価値は異なりますからその差をお支払いします、ということだ。

　一方、反対に供給過多となり、需要でそう簡単に吸収できない場合は、余剰となった分を保管しておく必要がある。例えば、2020年4月の原油需給は産油国による増産や、新型コロナウイルス感染拡大に伴う需要減に伴い、需給が悪化し大幅に供給過多となることが見込まれた。そのため、原油相場は期近に引き渡されるものほど値を下げ、期近安へと転換した。この状態をコンタンゴという。コンタンゴの場合

は、需給がダルな（緩んだ）状況を示している。

　このように引き渡し時期の違いによる価値の違いをグラフにすると**図 3-13** のようカーブが描けることから、フォワードカーブと呼んでいる。仮に需給がバランスしている場合は、フォワードカーブはフラットとなり、引き渡しタイミングの違いによって生まれるバリュー差はゼロとなる。グラフで示した 2020 年 3 月 6 日時点は期近物の方が高値であることから、フォワードカーブはバックワーデーションということになる。

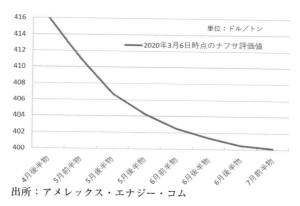

出所：アメレックス・エナジー・コム

図 3-13　フォワードカーブ（2020 年 3 月 6 日時点）

　ナフサ相場の場合、引き渡し月は半月毎に分かれていることから、フォワードカーブは半月毎のバリュー差を描くかたちとなる。ナフサ相場は 2 カ月後と 2 カ月半後の中値となるが、ペーパー相場はより先の到着月の分まで存在しており、毎日相場は変動している。このフォワードカーブを数値に置き換えると**表 3-16**、**表 3-17** の通りとなる。これは 2020 年 3 月 6 日時点の数値だが、ここでは 1 カ月半後と 2 カ月半後の値差が＋9.25 ドルとなる。この 1 カ月間の月間格差のことをインターマンススプレッド（I／M スプレッド）と呼ぶ。月間格差を英語にしただけである。I／M スプレッドは**図 3-14** の通り需給環境によって変動し、クラックスプレッドと緩やかな相関を示す。需給がタイトとなればクラックスプレッドが買われ、I／M スプレッドも拡大すると

表 3-16　到着限月ごとの価格査定値

相場の査定値	
4 月前半到着物	422
4 月後半到着物	416
5 月前半到着物（α）	411
5 月後半到着物（β）	406.75
ナフサ相場（（$\alpha + \beta$）÷2）	408.875

表 3-17　月間格差の査定値

フォワードカーブ	
4 月前半/4 月後半	6.00
4 月後半/5 月前半（α）	5.00
5 月前半/5 月後半（β）	4.25
I／M スプレッド（$\alpha + \beta$）	9.25

出所：アメレックス・エナジー・コム

図 3-14　クラックスプレッドと I/M スプレッドの推移（2018 年）

いうわけだ。ただし、クラックスプレッドは 2 カ月後と 2 カ月半後の到着価格の平均値（＝ナフサ価格）と原油との値差を示すのに対して、I／M スプレッドはより期近である 1 カ月半後に到着する現物ナフサの価値を、2 カ月半後の到着価格との比較（値差）によって表すことから、より期近の需給の実態を示していると言える。中東の製油所定修期など需給がタイトとなることが明白となった場合は、クラックスプレッドとともに I／M スプレッドも上昇する。一方、期近の需給が大

幅に悪化して I／M が縮小しても、期先には域外品の流入が減少することでバランスするとの期待から、クラックスプレッドは下落しない場合もある（**図3-14** における 2018 年 7 月〜10 月の期間を参照されたい）。しかし、そういったギャップはいずれどちらかの水準へと収れんしていく（同じく 2018 年 11 月を参照されたい）。いずれにせよ、このようにクラックスプレッドと共にナフサのフォワードカーブを示す I／M スプレッドにも注目しておけば、需給の状態を把握するのに十分と言えるだろう。

　このI／M スプレッドが実は MOF 価格算出の際に登場したプレミアムに繋がってくる。プレミアムはナフサ相場にプラスされるもので、10〜20 ドル程度付加されると説明したが、この一部は I／M スプレッドから算出される。エンドユーザーが調達するタイミングは到着の 30〜45 日前であり、ナフサ相場が示す到着月（2 カ月〜2 カ月半後）からギャップがある。そのため、そのギャップを精算する必要があり、その値差がプレミアムとなるわけだ。例えば、前の**表**に示した 2020 年 3 月 6 日時点での I／M スプレッドは +9.25 ドルとなる。エンドユーザーが 4 月前半到着物のスポット玉を 3 月前半の残りの日数となる 9 日から 13 日のカウントで（その期間の毎日のナフサ価格の平均値をベースにして）調達する際、3 月前半のナフサ相場は 5 月前半到着物（2 カ月後）と 5 月後半到着物（2 カ月半後）の中値となり、実際に調達するナフサカーゴのタイミングと、相場が差すタイミングに差異が生じる。この場合、4 月前半到着物の価格と 5 月前後半の中間の価格との間がその差になる。**表3-17** に示す通り、4 月前半と後半との値差が +6.0 ドル、4 月後半と 5 月前半との値差が +5.00 ドル、5 月前半と 5 月後半との値差が +4.25 ドルとなることから、6.00 ドル +5.00 ドル +（4.25 ドル ÷ 2）＝ +13.125 ドルがナフサ相場に加算される金額（この場合、加算されるのでプレミアム）となる。フォワードカーブがバックワーデーションである場合は、エンドユーザーがスポット調達に動くとナフサ相場に対してプレミアムとなり、コンタンゴの場合は反対にディスカウントとなる。アジアのナフサ需給は基本的に不足ポジショ

ンであることから、コンタンゴの期間はバックワーデーションの期間に比べて相対的に少ない。エンドユーザーへの販売価格がその日のフォワードカーブの理論値に比べて高かったり安かったりすると、ナフサ相場に影響を与えるので、市場参加者はエンドユーザーへの入札動向に注目する。例えば、理論値よりも高値で決着すれば、積極的なオファーが集まらなかったことになるため、クラックスプレッドやＩ／Ｍスプレッドの強材料となるというわけだ。

　このフォワードカーブという概念をわざわざ取り上げる、もう一つ大切な理由がある。それは情報会社が発信している国産ナフサ評価値は未決定部分をこのフォワードカーブに則って先物評価しているという点だ。そのため、バックワーデーションが急峻となれば、期先の価格はどんどん割安となることから、１年後の国産ナフサ価格評価値は異様な安価となる。これは、その日に１年後の国産ナフサ先物を調達すればその価格で買えるということであり、実際に１年後その価格になる、ということではない。フォワードカーブを把握しておくことで情報会社が発信する期先の評価値に惑わされないようにしていただいた方が良いだろう。先物評価を織り込まない評価値や予想値も情報会社（少なくとも筆者）は提供しているので、先物取引をしない限りはその数値を見たほうが良いと言える。

　本章にて一通り、国産ナフサ価格の構造、MOF 価格の予想方法、そしてアジアナフサ相場の見方について説明をしてきた。これまで聞いたことはあるがぼんやりとしていた部分も、だいぶイメージが付いたようであれば幸いだ。一度で理解するのは困難なので、実際に業務で実践するなかで、不明点は読み返すなどしてもらえると、より実践的な知恵となるだろう。

第 4 章

石油化学製品の国内相場とアジア相場

　ここからは、石化製品の国内相場とアジア相場について説明していきたい。とはいえ、その仕組みをだらだらと解説してもあまり意味がないだろう（既にその基礎について、第 1 章で解説済）。そのため、国内相場については国産ナフサフォーミュラの功罪をテーマに事例を紹介しながら掘り下げる。一方アジア相場については、その見方について、中国国内相場との連関や域外相場とのコミュニケーション、スーパーサイクルといった視点を読者に提供することとしたい。

4.1　ナフサフォーミュラの落とし穴

　繰り返しになるが、ナフサの輸入価格によって自国内の多くの石化製品価格が決定されるのは、世界でも日本だけである。グローバル化によって、アジア相場に由来する海外の石化製品と国産品とはボーダレスとなり、海外の石化製品も国内で多く流通しているのは承知の通りだ。需要家は特に汎用品の分野で、国産ナフサにリンクする国内品と、アジア相場にリンクする輸入品との間で、ある程度スイングさせることにより、より競争力ある調達を実現している。これは日本で石化産業が誕生してまもない 1970 年代から続いてきたことだ。石化製品においてコストの大部分がナフサの価格となる国産品は、需給論で決定されるアジア相場が下落すると、輸出の採算が悪化するほか、国内の販売量も安値の輸入品が流入することにより減少することから、経営上悩みの種となってきた。

　このアジア相場の低迷時（これまで少なくとも五度訪れた）、差別化できない（基本的に誰が作っても同じ品質となる、一物一価の）エチレンやプロピレンなどのモノマー製品では、競合と一緒になって規模のメリットを追求したり、生産装置（プラント）を閉鎖したりすることにより、合理化を進め生産コストの低減に努めてきた。また、合成樹脂においても事業撤退や企業の垣根を超えた統合により、生産能力を削減し、汎用グレードの生産を縮小した。そのような構造改革と並行して、新しい高付加価値グレードの開発や、顧客のニーズに合っ

たカスタムグレードを提案することにより、国際競争の波を乗り越えてきた。日本では当たり前のように享受することができる、サプライヤーによる分析サービスや技術アドバイス、樹脂設計の提案、コンサルティングも、海外ではよほどの商売が期待できる場合でない限り、有償が基本だ。このようなサプライヤーの献身的な姿勢、文化は、アジアで日本が最も古くから石化産業を営んできたがゆえに、海外で効率の良い大型生産装置（プラント）が増設される度に、輸入品の脅威と格闘してきた証と言える。樹脂起因かどうかはわからないが、加工製品の生産が安定せず、オフスペックが増加した場合、日本の加工メーカーは当然のようにサプライヤーに対して、納入品を生産した際の異常の有無や、オフスペックとなった加工品の分析を依頼する。場合によっては成型機に立ち会ってもらいトラブルシューティングまで依頼することもある。当然すべて無償である。そのような付帯サービスも国産品ならではであり、これまで輸入品の脅威に常にさらされてきたことの裏返しでもある。

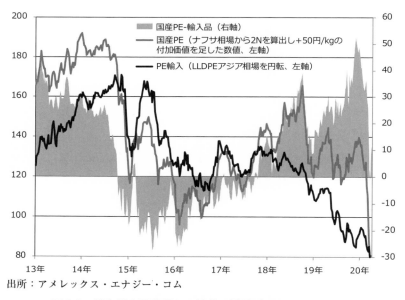

出所：アメレックス・エナジー・コム

図 4-1　輸入品と国産品との値差の推移（2013 年～2020 年）

図4-1に示した通り、需給で決定されるアジア相場をベースに算出される輸入品の価格と、国産ナフサリンクをベースに算出された国産品の価格との関係は、周期的に逆転する。この周期的な変化は、本章の最後に解説する石化製品相場のスーパーサイクルによってもたらされる。アジア相場が下落し輸入品安となった場合は、国産品はナフサリンクの前提価格からディスカウントし、特別価格を提示する（値下げと同意）ことにより対応される。反対に輸入品高へと転じた場合は、国産品はこれまでの特別価格対応を是正し、価格の底上げ（値上げと同意）が実施された。事業の再構築をしながらも、これまで常に製品需給の動向に対して可変的に対処してきたと言えるだろう。

　一方価格スキームはというと、第2章でも触れたように、ナフサフォーミュラはナフサスライドとは異なり、期ズレさえ決めてしまえば価格は自動的に変動し、ナフサが上昇すれば否が応でも値上げ、下落すれば同様に値下げとなる。この固着したナフサフォーミュラは第2章で説明した通り、2000年〜2008年の間、原油相場が上昇していった際に、石化メーカーのみならず、加工メーカーを含む産業全体に受け入れられた。一度フォーミュラを決めておけば、国産ナフサ価格が四半期毎に上昇していったとしても、これまでのようにその度に是々非々で交渉をしなくてもいいからだ。石化メーカーのみならず、加工メーカーにとっても価格上昇をしっかりと転嫁できるという意味で、8年という長い上昇トレンドを形成した期間では、このナフサフォーミュラは非常に有効に機能した。しかし、ここには大きな落とし穴があった。それは、原油相場の急落時に石化メーカー（及びこのスキームを利用した売り手一般）が大規模な損失を抱えてしまうという点だ。

　2000年以降と以前で決定的に異なるのは、原油相場に投機資金が流入した点、そして金融経済が急速に拡大しバブルを形成しやすい状況となった点だ。そのため、金融バブルや世界的なウイルスの拡大など10年に一度の特殊要因によって景気のサイクルが後退局面に入るとき、原油相場に流入していた投機資金が一気に引き揚げてしまい、大幅で急速な下落を引き起こす。ナフサフォーミュラは、2000年以降

の石化産業における健全な経済構造形成に大きく貢献したが、このような10年に一度の危機には全く対応ができないスキームであることを、あまり理解されていなかった。リーマンショックとコロナショックを引き合いに、ナフサフォーミュラの盲点を解説するが、まずこのショックが石化メーカーにどのような影響があったのか、**表4-1**を見ていただきたい。特に影響が大きかったリーマンショック時を示しているが、収益面で爆発的な破壊力があったと言える。

表4-1　2009年の大手石化メーカーの経常利益と石化設備の減損額の合計
（単位：億円）

	2008年度		備考
	営業利益	特別損益	
三菱ケミカル	−685	−164	ケミカルズ＋ポリマーズの合算
住友化学	−456	−296	
三井化学	−320	−110	
新日本石油 （現 ENEOS）	−356	＊	石油開発案件の減損を除くと、設備の減損は270億円となったが、石化向けの割合は不明
東ソー	−223	−	塩ビチェーンなど基礎原料セグメントを含む
出光興産	−213	＊	設備の減損額である62億円のうち石化向けの割合は不明
丸善石油化学	−88	−	
昭和電工	−13	−43	1−12月決算のため影響額は限定的
合計	−2,354	−613	

※特別損失は石化事業への関連が想定される部分を選択して集計

　それでは、事例を用いて検討を進めることとする。2020年のコロナショックは、新型コロナウイルスが中国から東アジア→中東→欧州→米国大陸へと世界的に感染が拡大し、世界各地の大都市が封鎖（ロックダウン）されたことに端を発し、景気が大幅に減速し、第二次世界大戦後最低のGDP成長率を記録した。また、期を同じくしてOPECプラスによる協調減産が終了。供給量の増加と需要の減少を背景に原油需給は悪化し、原油相場は大幅に下落した。ナフサにおいても、ガソリン需要が大幅に後退しガソリンブレンド向けの需要が減少したことから、クラックスプレッドはマイナス圏へと転落。**図4-2**に示した通り、国産ナフサ価格は2019年4Qに41,300円/KLを付けた後、2020

年 1Q は 44,800 円/KL へと上昇したが、2Q は 25,000 円/KL と大幅に値下がりした。ここで注目したいのは、国産ナフサ価格の動向とアジアナフサ相場との関係だ。ナフサ相場は 1 月上旬を頂点として、3 月に入った後は一気に下落し、3 月末には 200 ドルと、半値以下となったことがわかる。一方、国産ナフサ価格は 4 月 1 日を迎えるまで、44,800 円/KL という高値で張り付いたままとなっている。なぜ、アジア相場と国産ナフサ価格の動きにこれほどまでに差が生まれるのか？第 3 章で紹介した国産ナフサ決定度合い（**表 3-4**、81 ページ参照）を見ていただきたい。1Q の国産ナフサ価格は、未だ高値圏で推移していた 12 月末までのナフサ相場が約半分反映されており、2–3 月に下落したナフサ価格はほとんど反映されていないからだ。ここには大きな問題がある。通常は国産ナフサ価格の上下によって多少需要家が先取り／買い控えを実施しても、在庫評価についてはその後さらに国産価格や需要が上下することにより、ある程度もみ消される場合が多い。しかし、このように大きな値下がりが発生する場合は次のようなリスクを生む。

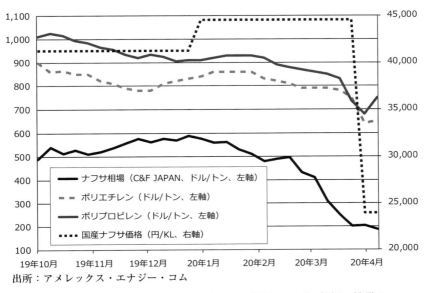

出所：アメレックス・エナジー・コム

図 4-2　コロナショック前後の国産ナフサ価格とアジア相場の値動き

・ナフサ相場を含む先物相場全体が急落したことにより、石化製品の需要そのものが減少する（加工メーカーの製品在庫は、最終需要家が景気低迷リスクを懸念したことにより大幅に積み増され、これ以上調達できない状況となる）

・ナフサフォーミュラ（期ズレ0カ月）で調達していた需要家は、少なくとも国産ナフサ価格がアジア相場並みに下落する4月1日まで、石化製品の発注を先延ばしする

　結果として、石化メーカーは実体的な需要減少と、恐らくそれを上回るであろう需要家による買い控えによって、高いナフサをベースに生産した在庫がふくれ上がり、減産を余儀なくされる。販売数量が回復する頃にはナフサフォーミュラに従って大幅に値下がりすることから、大規模な在庫評価損を計上する。仮にナフサフォーミュラで10万トン程度毎月販売していたとすると、もし販売数量が1-3月に減少しなければ特にナフサ価格の変動影響は受けない。しかし、**表4-2**に示す通り、実際は国産ナフサ価格が値下がりする前後で販売数量は変化する。需要家は安くなるまでは買わないということだ。一方、石化メーカーは膨れ上がった在庫削減を理由に減産をするため、ナフサの調達数量は減少してしまう。結果として、石化製品は国産ナフサ価格が下落後に販売数量が増加し、原料ナフサの調達数量は値下がり後に減少する。わかりやすくするために、ナフサ1に対して石化製品も1生産され、調達価格・販売価格もそれぞれ国産ナフサ価格そのままとすると、**表4-3**に示す通り、これによって多額の損失を計上することになる（あくまでイメージを掴んでもらうためのケーススタディとして示しており、現実とは異なる）。石化メーカーは安値の期間のナフサ相場であまり買えていないにもかかわらず、その期間の国産ナフサ価格を前提にしたベースで多くの石化製品を売らなければならない、というわけだ。

　景気後退局面での在庫積み増しや稼働の減少は、製造業であればおよそどの業界でも発生していることである。それは、決算で販売の減

少や在庫評価損、交易条件の悪化などといった言葉で表現され、よく耳にする話だ。しかし、ここで問題なのはアジア相場と国産ナフサ価格との時差だ。国産ナフサ価格は基本的に毎月ではなく四半期ベースの価格となり、当該Qよりも前の2カ月間で約46％が決定する。つまり、Qに入った瞬間に大部分の価格は決定されており、1カ月目が終了した頃（1Qであれば2月1日）には約76％は決まっていることになる。需要家は足元のナフサ相場を見たうえで仮に足元の相場の方が安ければ、国産ナフサ価格が下落するまで待つというオペレーションを簡単にできるわけだ。国産ナフサ価格に毎日のアジア相場が反映されるのは1カ月半から2カ月後となることから、その間は需要家に調達のオプションを与える格好となる。

　では、他の国ではどのように運用されているかといえば、前月のアジア相場平均をベースに毎月石化製品のコストが決定されるケースが多い。アジア相場にリンクした仕組みでなくても、スポットで輸入品を契約してから約1カ月で手元に届くことから、実質的に1カ月前の相場が足元の価格となる。ないしは、欧州のコントラクトプライスの仕組みのように、毎月のチャンピオン交渉（サプライヤーと大口需要家との間での価格交渉）での決着価格を前提に交渉して取り決めている。いずれにしても海外では毎月価格が変わることは当たり前となっている。

　ナフサフォーミュラは国産ナフサ価格が右肩上がりの局面や、小幅な上下動に留まっていた際は有効に機能した一方、このように相場が大幅かつ一方的に下落する際は、需要家に対して大きなオプション（選択の自由）を与えてしまっているということになる。こういった局面では石化メーカーは初めから「負け戦」に挑んでいるようなものとなるわけだ。海外のように石化製品のアジア相場の前月平均値なのか、四半期毎でかつ1カ月半前〜2カ月前のナフサ相場が前提となるのとでは、時間的に大きな違いがあることは言うまでもない。

表4-2　国産ナフサ価格下落局面での数量イメージ

	国産ナフサ価格	ナフサ調達数量	石化製品の販売数量
2019年4Q	41,300	100,000	100,000
2020年1Q	44,800	80,000	60,000
2020年2Q	25,000	60,000	80,000

表4-3　調達価格と販売価格との値差

ナフサの調達価格	9,198,000,000
石化製品の販売価格	8,806,000,000
損失	− 392,000,000

　日本の石油化学の歴史のなかで、似たようなケースが2000年よりも前に存在する。第2章2.3項で紹介しているが、第二次オイルショック後の原油価格急落（1985年）だ。この時、1年単位で需要家と都度価格交渉をしていたエチレン取引では、ナフサの下落分値を下げるのではなく、需要家による買い控えや実需の減少により積み増されたサプライヤーにおける在庫評価損の一部を買い手に負担してもらうために、あえて前Qの国産ナフサ価格を1/3組み入れた価格とした。ナフサの上下にスライドするものの、需給環境やアジア相場などの個別の材料を基に協議することが可能なナフサスライド方式であったことから、このような特例措置も実現できたと言える。固着したナフサフォーミュラの呪縛がなければ、コロナショックの際もそのまま値下げするのではなく、幾分か前Q価格を反映させるという臨時措置が可能となったかもしれない。仮に、臨時措置として1/4分を前Qにあたる1Qの価格を組み入れた場合、**表4-4**、**表4-5**に示す通り、損失はゼロとなる。

　コロナショックの事例は、アジア相場と国産ナフサ価格との時間差、そして国際的に見て非常に足の長い四半期毎の改定が、相場の暴落時は、需要家に想定外のオプションを提供することにより、石化メーカーをはじめとした売り手は大きな損失を被るということを教えてくれる。なお、コロナショックの場合はリーマンショック時のそれに比

べて、下落幅が限定的であったほか、国内の需給は設備の廃棄により
ある程度引き締まっていたことから、経営が傾くほどの損失は発生し
ていない（ただし、新型コロナウイルスの感染拡大が長期化しており、
2020 年の決算は厳しくなることが想定される）。しかし、原料調達と
製品販売とのタイムラグ、数量差による損失は少なからず確認された。

表 4-4　前期の価格を一部反映させた場合

	国産ナフサ価格	ナフサ調達数量	前 Q の価格を 1/4 分、今 Q を 3/4 分反映した価格	石化製品の販売数量
2019 年 4Q	41,300	100,000	-	100,000
2020 年 1Q	44,800	80,000	-	60,000
2020 年 2Q	25,000	60,000	29,950	80,000

表 4-5　調達価格と販売価格との値差

ナフサの調達価格	9,214,000,000
石化製品の販売価格	9,214,000,000
損失	0

　次に、日本の石油化学史上最大の損失を計上したリーマンショック
の事例に目を向けたい。リーマンショックは 2000 年以降長期にわた
り拡大してきた金融経済拡大の総決算ということができる。実体経済
の成長を上回って現金や証券が銀行や証券会社から過剰に供給され、
初めから返済困難と言えるような住宅ローンの貸し付けが広がった
（サブプライムローン問題）。回収不能な債権が増加したことにより
リーマン・ブラザーズを筆頭に金融大手が経営破綻に陥り、2008 年 6
月から 12 月に至るまで、相場は大幅に下落。ナフサ相場は 1,200 ド
ルまで上昇した後、200 ドル台まで大幅に下落した。国産ナフサ価格
は 2008 年 3Q の 85,800 円/KL から、2009 年の 1Q の 27,000 円/KL へ
と急落した。このリーマンショックはコロナショックと同じく、国産
ナフサ価格とアジア相場との時差によって販売数量の減少を引き起こ
し、石化メーカーは多大な在庫評価損を計上したが、もう一つ大切な

点を教えてくれる。それは、原油相場は大幅に下落した後は必ずどこかで値を戻すということだ（コロナショックも同じ展開となった）。当たり前だが、原油は特殊な要因を除いてタダにはならないので、ずっと相場が下がり続けることはあり得ない。

　リーマンショック前夜にあたる 2008 年秋口はナフサ相場がすでに下落していたなか、国産ナフサ価格が史上最高値となり、この頃から需要家は買い控える傾向を強めた。10 月に入り、国産ナフサ価格が 5 万円台へと下落することが濃厚となったが、アジア相場は**図 4-3** の通りそこからさらに、600 ドル近辺から 300 ドルを切る水準へ、約半値以下へと下落。2009 年 1Q の国産ナフサ価格がさらに下落することが濃厚となり、先安感から 2009 年 1 月まで需要が急減した。コロナショックの下落幅および下落期間に比較して、それぞれ 2 倍の規模となったことから、損失は莫大となったが、それだけではなかった。世界主要国の中央銀行が連帯し、緊急融資を決定すると、2009 年 1 月以降ナフサ相場が反発。同時にポリエチレンなど石化製品の相場も反発した。この時国産ナフサ価格は、まさに相場の底となった 11−12 月頃のアジア相場を遅れて反映するかたちで 2 万 7,000 円という安値を付けた。2002 年来の安値に落ち込んだアジア相場が今まさに反発している最中に、である。

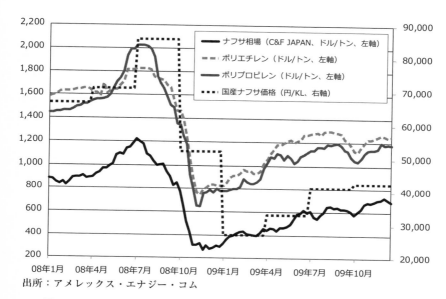

出所：アメレックス・エナジー・コム

図4-3　リーマンショック前後の国産ナフサ価格とアジア相場の値動き

　原油・ナフサ相場は既に反発していることから、2Qから国産ナフ
サ価格が値上がりすることは確実視された。そのため、需要家はこれ
まで買い控えていたところから、在庫を積み増す動きへとギアチェン
ジすることになる。このころのナフサフォーミュラは期ズレ3カ月以
上が主流となっていたことから、4月ないしは5月から、1Qの安値
の国産ナフサ価格を反映する取引が多かった。また、ナフサフォー
ミュラだけではなく、都度交渉も国産ナフサ価格前提が3万円/KL
台へと3月に値下げが実行された。これを待ち構えるように、国内の
ポリオレフィン出荷量は一転して増加に転じた。**図4-4**に示した通り、
ポリオレフィン国内向け出荷量は2008年11月以降急減したが、2009
年2月〜4月にかけて急増していることがわかる。最低の出荷量と
なった2009年1月は27万7,000トン（100トン以下切り落とし）、そ
の後3月に34万6,000トン（同）、6月は42万6,000トン（同）へ回
復した。「価格前提が安くなったら需要が戻る」というのはデータか
らも明らかだ。同様の現象はポリオレフィンだけでなく、その他の石

化製品でも発生したと想像される。

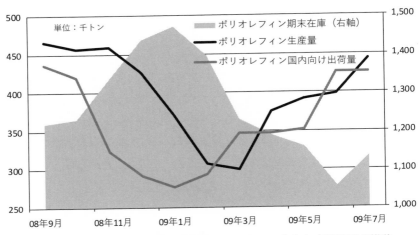

図 4-4 リーマンショック前後のポリオレフィン生産と出荷数量の推移

一方、ポリオレフィンのおおもとの原料であるナフサにおいては、石化メーカーによる調達数量は 2009 年 1 月以降、在庫積み増しを背景とした生産装置の減産により、減少せざるをえなかった。さらに、調達していたナフサはクラッカーの減産により不要となったことから、高値のナフサが後ろ倒されて入着。原料のナフサはペーパーヘッジをしない限り、2008 年 11 月から 12 月のアジア相場が底値で推移していた期間、ほとんど現物のナフサを購入できていなかったことになる。実際は購入できていない安値のナフサ価格前提で、需要家に売り渡すのだから、大規模な損失が発生して当たり前である。**図 4-5** に示す通り、ナフサ輸入量は 10 月を頂点に大幅に減少。1－2 月は、10 月対比で一月当たり 60 万トンも少なかった。その後 3 月に数量は増加へ転じるが、ナフサの輸入量は 2008 年 4Q に 397 万トン（1,000 トン以下切り落とし）、2009 年 1Q に 298 万トン（同）、2Q に 376 万トン（同）と国産ナフサ価格が底となった 1Q のナフサは大幅に減少していることがわかる。実際はその価格前提での石化製品の出荷が増えているにもかかわらず、である。

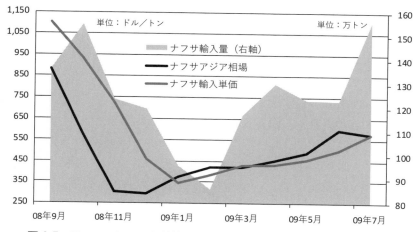

図4-5　リーマンショック前後のナフサ輸入単価とナフサ輸入量の推移

　それだけではない。需要家は下落局面の際に国産品をより少なく調達する代わりに、下げ足が早いアジア相場にリンクする輸入品を調達。そして、国産ナフサ価格が底になるやいなや、アジア相場が反発したことから輸入品の調達を減らしたうえで、国産品の調達を実施することができた。このように、リーマンショック時は相場が急落後反発したことにより、石化メーカーは暗黙のうちに需要家に対して二度オプションを与え、それぞれにおいて表面上は見えない大きな損失を計上することになった。

　リーマンショックは石化メーカーにとって悪夢となったが、ここで説明した要因だけでなく、グループ会社間情報共有の不備により、クラッカー減産決定が遅れた点も深刻な影響を与えたと言われている。ポリマーは複数の企業間の合弁会社（JV）であることが多く、クラッカーを保有する親会社間の調整に膨大な時間を要したことは想像に難くない。

　リーマンショック時の損失について、本質的な要因は景気の急速な後退と実需の自然減であると指摘されれば、筆者も全く同感だ。しかし、このような日本特有の問題である国産ナフサフォーミュラ、国産ナフサリンクの弊害も大きく影響したと言えるし、これを認識してお

くことは大切だろう。リーマンショック時、石化コンビナートで勤務していた筆者は、毎週稼働率が減少し、ついにはコンビナート内の多くの装置が計画停止へと追い込まれる姿を間近で見ていたが、背後で何が起きていたのか、当然知る由もなかった。

　なお、参考までに国産ナフサ価格に期ズレを反映させたヴァージョンで、相場のグラフを**図4-6**の通り再掲したい。リーマンショック当時の期ズレは平均で3カ月程度と想定される（その後期ズレ期間短縮の動きが広がり、現在は2.0カ月程度と推察）。アジア相場との値差が開き容易に裁定が働く（輸入品と国産品との値差を利用して、選択な調達が可能となる）ことがわかる。期ズレが長期となればなるほど、国産ナフサの動向予想は容易であり、当然需要家にとって有利となる。

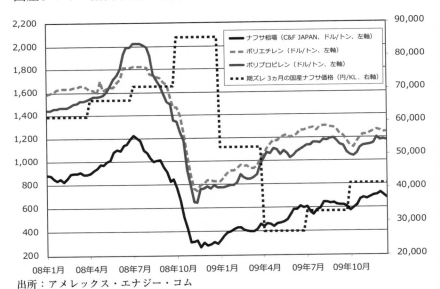

出所：アメレックス・エナジー・コム

**図4-6　リーマンショック前後の期ズレ3カ月前提の国産ナフサ価格と
　　　　アジア相場の値動き**

　このように、ナフサフォーミュラによって石化産業全体に、ナフサの価格に従って変動する文化が醸成され、価格改定のたびに販売担当者が苦心することはなくなった一方、10年に一度相場が急落する場

面では、その分売り手側はしっぺ返しを食らうことになった。リーマンショック以前と以後では日本の総合化学会社のスタンスが大きく変化した。総合化学会社の首脳陣は口をそろえるかのように「市況変動型の汎用品ビジネスを縮小、統廃合を進める」ことを決断していった。各社が脱石化へと軌を一にしたと言える。石油化学の全てが汎用品というイメージが、広く浸透したのはこの頃ではないだろうか。とはいえ、リーマンショックを境に、就職活動中の大学生ですら「石化比率がなぜ高いのか」、「汎用事業は今後どうしていくつもりか」などと語るようになったのにはさすがに驚いた。

　金融資本の拡大はリーマンショック以降再び息を吹き返し、企業はステークホルダーに対する「成長のコミットメント」がその存在価値の大半を担うようになった。安定的成長を約束し、四半期毎に決算を報告。これまでのように「最悪、3年に一度大当たりすれば石化は良い」というスタンスはもはや通用しなくなった。国内メーカーは自社の規模（コスト競争力）や技術力で勝負できる分野へと選択と集中を強化。2014年から2016年にかけて国内のナフサクラッカーは廃棄が進み、エチレン生産能力（定修サイクルを加味した実質生産能力）は750万トン／年から650万トン／年へと約14%減少。ポリオレフィンはポリエチレンが30万トン／年、ポリプロピレンが70万トン／年分、装置が廃棄された。国内のナフサリンクで販売できる付加価値品の数量を確保した後は、市況に左右されるような汎用製品の生産を減少させ、各企業は国内生産体制を縮小した。総合化学メーカーの石化部門は選択と集中を図り、痛みを伴う改革を経て、収益構造は改善した。コロナショックでもそれほど業績は悪化しなかったことが、その証左と言える。

　2014年秋以降、シェール革命により原油・ナフサ相場が下落すると、構造改革による国産品の流通量減少も手伝って、国産品の競争力が復活し、国産品の需給はバランスタイトとなった。石化製品のアジア相場が復活したこともあり、一時は汎用グレードであればあるほど入手困難という不可思議な商状となった。国産ナフサ価格が下落した

ことにより、国産の合成樹脂が世界一安い時期もあった。しかし、その後2018年にはシェール由来の安価なポリエチレンが流入したほか中国・東南アジアでの生産装置大増設を背景に、アジア相場が下落。再び国産品は割高となった。そんななか、2020年にはコロナショックに伴い再び石化メーカーは損失を被ったということになる。

　石油化学の歴史はこのように3-4年スパンで風向きが変わり攻守逆転することが多い。そのなかでもリーマンショックやコロナショックは国産ナフサリンクの仕組みを揺るがす大きな出来事となった。国産ナフサフォーミュラで利便性を得た反面、このような相場暴落時は、製品そのものの問題ではない非本質的、非本来的な部分で、サプライヤー側は大きな損失を被ってしまう。では、今後国産ナフサフォーミュラないしは国産ナフサにリンクして販売している商売はどのように対応していけば、持続可能なビジネスを展開できるのだろうか。

4.2　価値とは何か？　ナフサフォーミュラを超えて

　そもそも、ナフサフォーミュラはこのような相場の急激かつ大幅変動を想定して作られていない。それは、ナフサフォーミュラが誕生した理由（＝2000年以降のほぼ断続的な原油相場の上昇に対して、自動的に値上がりするスキームを構築すること）から見ても明らかである。そして、基本的には販売数量が一定である前提という点を、サプライヤーは需要家とよく確認しておくべきだろう。長期的な取引を前提として在庫も確保していることを忘れていけない。海外の生産者（例えば、汎用品比率が極めて高い中国）と比較して、**表4-6**に示した通り、日本のポリオレフィンのサプライヤー在庫量は非常に多い水準となっている。汎用グレードではなく、付加価値グレードが多く、需要家は代替調達が困難であることから、安定供給を約束するために万一の事態への備えとして、サプライヤー自ら在庫を確保している。日本ではメーカーの絶対数のほか、製品グレードが多いことや、商社が在庫保管機能を中国ほどは果たしていないことも要因として挙げら

れるが、それにしても凄まじい在庫を抱えながら商売をしていることがわかる。そのような背景を鑑みると、大きく販売量が落ち込み、サプライヤー側で在庫が積み増され、大きな損失が発生する可能性が高まった際は、販売価格を協議できるようにしておくべきだろう。反対に、協議できないのであれば、その分在庫を抱える必要はない。供給安定性を確保しろと言いながら、購入できなくなった場合にその損失について協議に応じないのは、そのような国際的な常識から言っても、ややアンフェアだ。

　1985 年オイルショック後の相場下落の際に考え出された、在庫が標準水準となるまでは前 Q の国産ナフサ価格を一定分反映させるというのは、一つの有効な手段と言える。加工メーカーは国産ナフサ価格が急落しても、製品価格も同じ水準まで値下げすることはまずありえないため、産業全体でその損失を、値下げを遅らせることにより還元することが得策かもしれない（既にそのような価格設定思想を持ったサプライヤーも存在する）。

　売り手も買い手も世代交代の流れが本格化し、オイルショックを知らない世代がほとんどとなっている。2021 年の大卒新入社員は、ストレートの進級を前提にするとリーマンショック時は小学校 3 年生という次元だ。そして、石化メーカーの事業統合が連続したことにより、人員合理化が進み、仕事量に対する人員の数は決して十分とは言えない状況にある。コロナショックを契機に、単に「ナフサフォーミュラ」や「ナフサ連動の都度決め」という既成事実を前に沈黙するのではなく、冷静に過去の歴史から学び対処することが大切と考える。

表 4-6　日本と中国（シノペック、ペトロチャイナ）のポリオレフィン在庫日数

		生産能力 （万トン/年）	在庫量 （*2、万トン）	在庫係数 （*3、日）
PE	中国	1,121	35	11.4
	日本	333	64	70.2
PP	中国	1,118	43	14.0
	日本	276	59	78.0

＊　　シノペック、ペトロチャイナ系列のみ
＊2　2019 年の平均数量、日本の数値は石油化学協会発表資料から算出
＊3　在庫量÷一日当たりの生産量（生産能力÷365）

　ナフサフォーミュラはアジア相場にリンクする輸入品とは異なり、四半期毎に価格改定となる足の長い契約だ。日本は世界の他の国々とは異なり、製品のバリューチェーンが長く、様々な企業が複雑かつ密接に絡み合うことにより、加工品や最終製品における付加価値を高め、中国や韓国、欧米のライバル企業としのぎを削り、差別化分野で勝利してきた。そのため、合成樹脂から加工品、最終消費財メーカーまで、ある程度値決めのコンセンサスを形成することは経済活動にプラスとなる。その一つの指標が国産ナフサ価格であり、それは今後も変わらないだろう。そして海外市況のアップダウンで毎月価格が変動し一喜一憂する海外の仕組みというのは、サプライヤー側のみならず需要家にとっても非常に労力が要る話だ。四半期毎という一定の期間の価格（＝国産ナフサ価格）で調達ができるということは、自社が本来力を入れるべき付加価値の追求（差別化製品の開発のための原料設計や、サステナブル調達を軸とした材料設計など）へと時間を回すことができる。この国産ナフサ価格リンクという仕組みは、加工メーカーや最終製品メーカーも含めた相場の安定に寄与していることは紛れもない事実だろう。

　国産ナフサ価格をベースに需要家へ石化製品を安定的に販売するためには、知らずして様々な苦労が存在する。石化メーカーのナフサ原料部隊は、MOF 価格より高値で調達すると損失を被ることから、MOF価格に合わせながらも、より安く調達するために日々マーケットと孤

軍奮闘している。あえて孤軍と表現したのは、石化メーカーのなかで
ナフサ調達部隊は、石油の世界に半分足を突っ込み、変動の激しい
マーケットと対峙し続けるという意味で、他の部署のメーカーとして
のビジネスとは一線を画すからだ。自社で調達したナフサ価格が MOF
価格に対して勝っているのか、負けているのか貿易統計発表まで決定
しないことから、自身で MOF 価格の前提を作り、言わば「想像上の
収益」を算出することから始まり、その予想の蓋然性を高める努力を
していく。そして MOF 価格が想定よりもずれれば再度分析を実施す
るという、永遠終わりのない仕事である。何も考えずにナフサを買え
ば、MOF 価格および国産ナフサ価格よりも安く調達できるわけでは
ない。初めから需要家に国産ナフサフォーミュラ、国産ナフサリンク
で販売することも、国内の石化、加工産業安定化に資するためのサプ
ライヤーの一つのサービスと言える。

　残念な話ではあるが、石化メーカーにおけるナフサの調達部隊は莫
大な金額を支払う会社最大のコストセンターであるのみならず、MOF
価格とのプライスマネジメント、そして何より急落時には原料相場に
疎い製品の営業部隊へ、危険信号を発信する重要な機能を担うが、そ
のビジネススタイルの異質性からナフサ調達部隊ではない 99.9％の他
の社員からは何をしているのか把握されていない。石化メーカーの営
業部隊は自分で販売する合成樹脂が国産ナフサ価格にリンクして販売
できる担保をどのように確保されているのか知らないので、国産ナフ
サ価格やナフサ相場について、その「値」以外のことにそれほど興味
がない。石化メーカーの営業マンが国産ナフサ価格にリンクした価格
スキームを、単なる既成事実としてしか把握していないのだから、需
要家がそれを一定のサービスとして認識するわけがない。

　製品の価値は「価格×品質×デリバリー×サステナビリティ」の
掛け算によって決まる。たとえ価格が安くても、スペックが安定して
いないため歩留まりが悪いとか、新規開発力が少ないなど、総合的な
品質が 0 点であれば、価値は 0 となる。また、デリバリーの融通が利
くかどうかも重要と言える。必要な時にしっかりと、安定的に入荷さ

れるということの価値は計り知れない。最後に、サステナビリティも大切な要素だ。事業縮小、撤退リスクがあれば当然、長期間の安定的な商売は保証されない。また、工場が台風やハリケーンによる影響を受けやすかったり、紛争地に近いような立地であれば、当然モノが入ってこないリスクは高まる。新型コロナウイルスや米中間の対立（デカップリング）に伴うグローバル物流への影響など、危機発生時の対応力も当然大切となる。このように、需要家は価格だけではない指標でサプライヤーの価値を見つめ直すこと、反対に、サプライヤーは需要家にとっての自社の価値を再考、追究することにより、日本の石油化学は「単に市況製品で変動リスクの塊」のような存在ではなく、未来志向の産業へと進化できるかもしれない。そしてその前提として、国産ナフサ価格にリンクした値決め方法に潜在するリスクを踏まえ、売り手買い手双方にとってフェアとなるよう、柔軟にスキームを検討していくことが大切と言えるだろう。

▍4.3　アジア石化製品相場を読むポイント、事例検討

　ここからは章の後半部に入り、石化製品のアジア相場の読み方について解説していく。アジア相場は主に、中国を含む北東アジア到着価格と東南アジア到着価格、インド到着価格の三つが存在するが、ナフサのようにオープンな相場は存在せず基本的にはサビックやブルージュ、エクソンモービル、ダウ・ケミカルなど大手サプライヤーのオファー価格を情報会社が入手し、その価格を基に週に一度アジア相場として発表されている（ナフサ価格同様に、相場は複数の情報会社が発表しており、当然指標は一つではない）。日本の輸入品のほとんどは商社など輸入業者経由で需要家に提示されるこのオファー価格（≒北東アジア到着価格）にリンクするかたちで決定され、通常は30日前のアジア相場が輸入品の価格となる。また、相場は毎週変動する。そのため、国産品のベースとなっている国産ナフサ価格とアジアナフサ相場とのタイムラグ（平均して45日前）に比べて短期スパンとな

るほか、3 カ月間変動がない国産品に対してアジア相場は変動が大きい場合、これまで何度も触れてきた通り、両者の間で裁定（値差）が生じることが多い。そのような観点から、ナフサ相場だけではなく、アジア相場を紐解くコツを知っておくことは有意義と言えるだろう。

　ここでは三つの事例を示すことによって、アジア相場の見方を解説していきたい。まずは、石化製品の中で最も需要が多いポリオレフィンの相場の見方について、中国国内相場との連関という観点からで解説する。次に、合成ゴム相場の原料となるブタジエン相場について、域外品との裁定の観点から解説する。最後は、石化製品全体の相場について、スーパーサイクルと呼ばれる中長期の需給バランス変動の観点で説明する。

（1）中国国内相場とアジア相場との関係
～ポリオレフィン（PE，PP）～

　アジアで最も石化製品を消費する国は、当然ながら中国だ。中国はこれまで輸入に頼ってきたポリオレフィンを一定量自製化すべく、大規模な新増設を実施してきたが、それでも自給率は 2019 年で PE が 52％、PP が 82％と特に PE において自給率が低い（＝対外依存度が高い）ことがわかる。**表 4-7** に示す通り、2019 年の中国国内の生産量は PE が 1,764 万トン、PP が 2,240 万トンあるほか、輸入量も日本に比べて非常に多い。この巨大な中国市場に対して中東や米国、東南アジアのサプライヤーがオファーする汎用グレードの価格が、基本的にそのままアジア相場となる。中国が風邪をひけばアジア相場にも影響を与えるのは、係る背景から当然と言える。一方、中国の輸出量の割合は非常に少ないほか、ほとんどは隣国のベトナムや、外交戦略で経済協力を推し進めるアフリカ諸国向けとなっている。日本に比べて輸出量が少ないのは、付加価値がそれほど高くない汎用グレードの生産が多いことを暗示していると言えるだろう。

表4-7　2019年のポリオレフィン需給 日中間比較

		生産量	輸入量	輸出量	見かけ内需	内需に対する輸入割合	内需に対する輸出割合
PE	中国	1,764	1,666	28	3,402	49%	1%
	日本	224	56	52	228	25%	23%
PP	中国	2,240	552	50	2,742	20%	2%
	日本	244	33	39	238	14%	16%

［注］千トン単位切り捨て
出所：中国情報筋の統計、日本石油化学工業協会

　中国国内では外資系のJV（合弁）でのポリオレフィンの生産は少なく、メタロセン触媒を使用した直鎖状低密度ポリエチレン（LLDPE）や高密度ポリエチレン（HDPE）、生産制御が難しいランダムやブロックポリプロピレン（PP）といった付加価値グレードについては、技術情報保全の観点から海外企業は中国での生産を避けており、生産量は極めて少ない。それゆえに、中国国内のほとんどの装置において、「今何を生産しているのか」すぐに把握することができる。付加価値品を生産していないので、生産パターンを公開してライバル企業に生産のローテーションを盗まれても問題ないことから、非公開にする必要がない。今パイプグレードを生産しており、明日からトランジションに入ってフィルムグレードへと移行するなど、中国の大手サプライヤーは生産計画まで情報会社に連絡し、需要家は情報会社を経由してそれを入手する。サプライヤーは需要家に対して最新の生産状況を共有することで、必要以上の在庫を確保する必要がなくなるというメリットがある。次回生産タイミングを需要家は理解しており、それまでの必要量を予め調達しなければならないということをわかっているからだ。仮にトラブルによって装置が停止しても、すぐに情報会社を経由して共有されることから、需要家は素早く代替調達に動くことができる。汎用グレードが多いことを背景に、非常に透明性の高いマーケットが形成されていると言える。毎日サプライヤーのオファー価格は情報会社を通じて入手でき、需要家はアジア相場にリンクした輸入品の相場も見たうえで選択的に調達をすることができる。ある生産装置が

トラブルで停止すれば同じグレードを生産する別のサプライヤーに買い注文が集まり、オファーは上昇し相場も引き上げられる。反対に需要が鈍りサプライヤーの在庫が積み増されれば、オファー価格が引き下げられ、相場は下がるというわけだ。また、大連先物取引所において、現物を伴わないペーパーでのポリオレフィンの先物取引相場が存在する。特に PP は PE の約 2 倍強の取引数量となっており流動性が高く、PP 現物の需要家のセンチメント（購買意欲）に大きく影響することから、大連先物相場は中国国内の PP 現物相場への影響が大きい。

このように、ポリオレフィン相場においては、透明性という観点では中国国内相場が世界で最先端を走っている。アジア相場は中国の需要家へのオファー価格によって決定されると前述したが、中国の需要家にとっては、アジア相場にリンクした輸入品を調達するかどうかは中国国内相場の値位置にかかっていることから、両者は相互に関連し合う。例えば、2019 年は春先まで中国国内の需要が堅調に推移したことやサプライヤーの定修やトラブルが重なり、需給にタイト感があったことから、アジア相場に対して高値にて推移した。しかし、順調に進んでいると見られていた米中間の通商協議が暗礁に乗り上げると、5 月 5 日にトランプ大統領が中国からの輸入品 2,000 億ドルに対して関税を 10％から 25％へ引き上げる旨、Twitter（ツイッター）で発表。同 10 日には実際にその通り関税が引き上げられ、2018 年 10 月に続き米中間の関税の応酬が 2 回目のピークを迎えた。これを受け、中国大連先物は 4 月 26 日に 8,637 元（ドル換算で 1,067 ドル）を付けていたところから、6 月 7 日は 7,929 元（ドル換算で 956 ドル）まで大幅に下落。需要の先行きに対する警戒感が高まり、センチメントは大幅に悪化。中国国内の現物相場もドル換算で 100 ドル程度値を下げた。一方、アジア相場は東南アジアやインド向け需要が堅調に推移したことからサプライヤーのオファー価格は下げ渋り、5 月中旬まで持ちこたえる我慢の展開が続いた。しかし、アジア最大の需要地である中国国内の相場が下落しておきながら、アジア相場のみ高値であるはずもなく、アジア相場はすぐに中国国内相場に連れ安となった。**図**

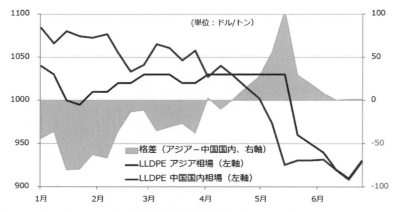

図4-7　2019年1月〜6月の直鎖上低密度ポリエチレン（LLDPE）の相場推移

4-7のように、中国国内相場がアジア相場に対して割安となっている場合は、アジア相場もやがて値下がりし、両者の差はバランスしていくということは頭に入れておきたい。

　そして、2019年末には逆の事象が発生する。それはアジア相場が中国国内相場と比較して大きく割安となるというものだ。中東のサプライヤーは中国国内相場より潜った価格で販売するということは基本的にしない。しかし、1-12月決算の米国サプライヤーにとって、最終月に当たる年末在庫は取り崩したい思惑があった。また、シェール由来のエタンを原料に使用することにより安いコストでPEを生産していたことから、在庫を取り崩すために積極的なオファーを展開した。12月積みの貨物を大幅な安値でオファーされたことから、相場は大幅に下落。12月積み出しが最終タイミングとなる11月末にかけて大幅に下落した。一方、中国国内相場は割安な輸入品を静観し、小幅な値下がりに留まった。米国サプライヤーによる積極的なオファーは一過性のものと想定されたため、ペーパーの先物相場も11月は値下がりしなかった。結果として、アジア相場は米国からの売り圧力を背景に、中国国内相場に比べて大幅に割安となった。米国のサプライヤーとしては、年末以降中国で恒力石化や浙江石化といった大規模な石油精製＋石油化学コンビナートの立ち上げが予定されていたことか

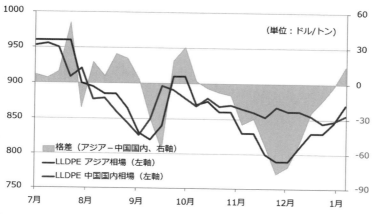

図4-8　2019年7月～2020年1月の直鎖上低密度ポリエチレン（LLDPE）の相場推移

ら、その立ち上げ前に販売しておきたい思惑もあったと想定される。筆者は少なくとも１月までのアジア相場で11月末が最安値になる旨、レポートを通じて発信していたが、結果としてはその通りとなった。米国サプライヤーは、必要数量を売り払った後は売り姿勢を強めることはなく、12月下旬には中国国内相場と同等レベルまで反発した。一連の動きは**図4-8**にまとめたので参考にされたい。

　このように、アジア相場と中国国内相場の相互の事情や関係性を知っておくことで、アジア相場の動向をより立体的に観察し、先行きを予測することが可能となる。このような見方はポリオレフィンだけではなく、プロピレン、ブタジエン、アロマ（ベンゼン、トルエン、キシレン）、スチレンモノマーなどのモノマー製品のほか、ポリスチレンやABS樹脂、PET樹脂などにおいても通用する基本的な見方と言える。日本の石化需給はアジアにおいては小さいパイの一つに過ぎない。アジア相場の動向を探る一つの手段として、中国国内相場との連関という観点で見ていくと、より深く相場について理解し、予見することができるだろう。

(2) 域外品と裁定　～ブタジエン～

　石化製品の変動に対して次に重要なポイントとなるのが、アジア域外からの流入量だ。基本的に世界のトレードフローはスエズ運河の西か東かによって区別されている。スエズ運河以西は大西洋・メキシコ湾岸・地中海エリアを包含し、欧州や米国相場がベースとなって取引される。一方、スエズ以東はアラビア湾・インド洋・太平洋エリアが対象となり、アジア相場がベースとなる。それぞれスエズ以西と以東の地域で需給がバランスしていれば域外との交流は発生しないが、最も石化製品の供給が不足しているのは中国をはじめとした東アジアや東南アジアの地域であることから、ほとんどの製品においてアジアは域外からの流入に頼るバランスとなっている（ただし、ベンゼンはアジアが供給過多であり、米国へ輸出している）。このように、元々需給環境において不均衡が生じていたような製品では、平常時からスエズ以西と以東のトレードフローが確立されている。

　アジア域内の需給がタイト（供給不足）になれば、相場は上昇する。そして、域外である欧米の相場よりも大幅に高値になると、欧米から裁定玉が仕向けられる。裁定取引の定義については第3章のナフサ相場の解説のなかでも触れているが、異なる地域や領域間の値差を利用することにより利ざやを稼ぐ取引のことを言う。アジアと欧米相場との間に、船の運賃以上の値差が確保されれば、経済合理性が確保できることから裁定が働くということになる。つまり、アジアと欧米は需給の息継ぎを裁定取引によって実施しているということだ。相互の需給がバランスしたまま変わらなければ裁定は働かないが、両者には必ず過不足が発生する（供給装置のトラブルや需要の増減など）ことから、アジア相場を読み解くうえでは域外の相場の動きをある程度把握しておくことが重要となる。平たく言えば、他の地域に比べてアジアのみ高値となっている場合は、今後域外からの裁定が開いてアジアが反落するか、全地域が同時に上昇するかの二択となる。反対にアジアのみ安値となっている場合は、アジアから他地域への裁定が開いてアジ

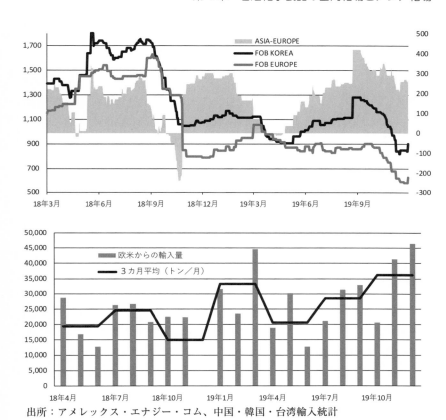

出所：アメレックス・エナジー・コム、中国・韓国・台湾輸入統計

図 4-9　アジアと欧州のブタジエン相場と裁定玉（欧米から中国、韓国、台湾へ輸出された数量）の推移

アが反発するか、全地域が同時に下落するかの二択ということになる。

　例えばブタジエンを例にとると、**図 4-9** に示した通り、欧州相場とアジア相場との連関によって裁定玉の数量が大きく変化し、相互の相場形成に影響したことがわかる。上のグラフはアジア（韓国出しの価格）と欧州（オランダ出しの価格）となり、下のグラフは欧米から韓国、台湾、中国に仕向けられた裁定玉の数量合計となる。3 カ国の貿易統計から算出していることから、下のグラフは基本的に到着ベースとなる。裁定玉は更改日数が約 1 カ月弱要することから、取引されるタイミングも 1 カ月以上前となる。そのため、相場を示す上のグラフ

は到着時期の1カ月前を開始時期として、相場推移を示した。ブタジエンの場合、ブラジル（米国大陸）や欧州から定常的にアジアへ流れてきており、アジアの不足分を補充していることから、基本的に相場は欧州よりもアジアの方が高値となっている。しかし、両地域の需給バランスの変化により相場が変動すると、裁定玉の数量も大きく変化する。上のグラフのアジア相場と欧州相場との値差を示した灰色の面の推移と、下のグラフに示した欧米からの裁定玉の数量（3カ月平均）は相関していることがわかる。2018年春は米国においてブタジエンの原料である粗C4の供給が不足した（欧米においてナフサではなくエタンやLPGをクラッカーの分解原料として使用する割合がさらに増加し、クラッカーから粗C4がほとんど生産されなくなった）ことから、ブタジエンの生産が減少。欧州相場が米国相場の上昇にけん引される格好で値を上げ、アジア相場との値差は4月にフラットになった。そのため、2018年5-6月にかけて裁定玉は減少した。5月には韓国から米国へ5,029トン、本来とは逆向きの裁定玉が仕向けられており、それほど欧米の需給がタイトとなったことがわかる。

　なお、裁定取引のことを英語ではアービトラージ（Arbitrage）と言い、この言葉に由来して、日本の多くの人は裁定玉が届くかどうかを、アーブが開く／開かないと言っている。このような普段のアーブのフローとは真逆の取引のことを、逆アーブと呼んでいる。裁定玉が減少したうえで域外に逆アーブを仕込めば、今度はアジア域内の需給がタイトになるのは必至だ。そのため、2018年5月下旬以降は一気にアジア相場が上昇。逆アーブは消え、裁定玉の流入が正常化した。しかしその後、米中間の貿易摩擦激化による中国産合成ゴム、タイヤへの高関税を背景に、アジア域内のブタジエン需要が縮小したことから、アジア相場は大幅に反落。一時欧州相場よりも大幅に安値圏まで下落した。すると、裁定は全く働かなくなり、2018年12月はゼロとなった。こうなると、欧米相場ではアジアに仕向けられないカーゴ分、在庫が積みあがることにより、時間差で相場が大幅に下落することになる。再び裁定をアジアへ仕向けられる水準まで相場が下落したことか

ら、2019 年 1 - 3 月は裁定玉が増加した。その後、2019 年 5 月にかけ
て米中間の貿易摩擦の第二波（中国からの輸入品への税率引き上げ）
を背景にアジア相場が下落し再び裁定玉の数量は減少した。6 月以降
はアジア域内のブタジエン装置の不具合などを背景に上昇するも、10
月以降は米中間貿易摩擦の第三波（税率のさらなる引き上げ）を背景
に下落。世界的な景気後退が意識され、欧州も連れ安となり、2019
年末まで裁定は働き続けた。

　このように石化製品の多くはアジア相場や中国国内相場だけを見てい
ても説明できない値動きが多々存在する。特に、裁定玉の船の運賃がそ
れほど高額ではなく、グローバルに船団があり流動性が確保されている
ような、ブタジエン、ベンゼン、スチレンモノマー、アクリロニトリル
などは米国や欧州の相場の動きもチェックしておくと良いだろう。

　週単位や月単位での石化製品のマーケット把握、分析に必要なポイ
ント全てをお伝えするには紙面が不足しているが、主なポイントは以
上の通りだ。まとめると以下の点を注視しておくことを推奨する。

　⓪原油相場の動き（これにより世界政治・経済の動きを知ることが
　　できる＝相場のセンチメントを理解）

　①原料相場の値位置（原料コストと製品相場との値差によって採算
　　性を把握）

　②中国国内相場の値位置（最大需要地である中国の状況を認識）

　③アジア以外の欧米相場の値位置（裁定玉の動きを予想することに
　　より、次の展開を想定）

　④そのほかの周辺情報（供給装置の稼働状況、中国における製品在
　　庫推移など）

（3）スーパーサイクル　～石化全体～

　石化製品のアジア相場は日々の需給環境や需要家の購買意欲（セン
チメント）によって変動する。週単位や月単位での相場の理解や予想
については、前述のとおりだ。しかし、このような週単位や月単位の
変動とは異なる、3 - 5 年おきに変動する「スーパーサイクル」と呼

ばれる長いスパンで変動する要素が存在する。平たく言えば、石化製品は需要過多の期間と供給過多の期間が交互に訪れるということだ。

　なぜこのようなサイクルが生じてしまうのか、その背景には石化産業が装置産業であるということが影響している。装置産業の特徴は二つある。一つ目は生産やサービスの提供を開始するために巨大な装置（＝大規模な投資）を要すること。まとまった資本力や資金調達力が必要なことから、新規参入のハードルは極めて高い。二つ目は、十分な装置や設備を整えれば、それだけである程度の成果・収益が期待できることだ。装置産業は鉄鋼業や石油精製業、石油化学工業が該当し、装置例を言えば、鉄鋼業における高炉や電炉、石油精製業における製油所、石油化学工業におけるクラッカーや石化プラントがそれにあたる。

　また、ホテル業も装置産業に近いと言われる。サービスを開始するために客室、浴場、炊事場、食事処などを備えた大型施設を建設する必要がある。ビジネスホテルの場合、顧客ターゲットを絞ったうえで、その顧客のニーズや需要数に適した立地に建設し、建設費などの初期投資を5－15年かけて回収していく。箱モノのビジネスホテルは建設決定から1年程度で完成することから、ある程度小回りの利く装置産業ということになるが、当然早期の投資回収が望めるような好立地には競合が集まり、需給はバランスしていく。反対に、それほど需要が望めないような立地においても競合の参入がなければ競争環境は激化しないということもあるだろう。いずれにしても装置産業は初期投資を決定した後、回収までの期間はよほどのことがない限り、一定の需要が期待される（裏を返せば期待できないのであれば投資しない）が、競合の有無によって想定した客数が見込まれるかどうか大きく変わるということになる。つまり主に装置産業の場合、競合と差別化することが困難であることから、供給量が大きなファクターを担うということになる。この供給量は装置の新増設や統廃合によって決定され、ホテル業であれば1年単位のスパンで意思決定されるが、石化産業の場合はそうはいかない。

　ナフサクラッカーを新設しようとした場合、フィージビリティスタ

ディから始める。この言葉について説明すると、まずフィージビリ
ティ（Feasibility、Feasible の名詞形）とは実現可能性のことだ。
フィージブル（Feasible）とは、フランス語の Faisable に由来し、語
源はラテン語の Facere に至る。Facere は「する、作る、実行する」
という広い意味を持つ言葉。Facere に可能を示す接尾語「-ble」が
ついて「できる、作れる、実行可能な」という意味となる。経済合理
性について十分な検証のうえ、その計画が成し得る、実現可能かどう
か検討するということだ。これをクリアした後、建設計画を始動させ
る。コントラクター（建設業者）の選定、決定へと進み、着工、完工
をむかえる。そして、機械や反応系が予定通り機能するか、そして生
産される製品がスペックに合致するか確認する試運転に入り、合格と
なればようやくコントラクターから設備一式の引き渡しをむかえ、め
でたく商業運転開始となる。この計画草案からフィージビリティスタ
ディ〜商業運転開始までは、ナフサクラッカーで言えば 2〜4 年もの
時間を要することになる。また、巨額な投資が必要となることから、
基本的に資金調達に協力する金融機関が納得するような採算性が確保
されていないと、建設を開始することは困難だ（もちろん自身の
キャッシュで建設できる会社も存在する）。そうなると、採算性が確
保されない限り新設計画は浮上しないということになる。反対に、採
算性が良好に推移すると、資金が集まりやすくなるうえに、良好なリ
ターンが見込まれることから、次から次へと新増設計画が浮上するこ
とになる。ホテルの場合であれば、毎年変わる需給動向に合わせて 1
年スパンで計画を実行することが可能となるが、石化の場合は建設に
長期間時間を要することから、競合の新増設計画が乱立し、見込んで
いた採算性が確保できない可能性を認識しても、一旦着工した計画を
中断することは容易ではない（そのような事例は極めて少ない）。
　結果として、このような経済原理のもと、石化の採算性が良好に推
移した後は、供給装置の増加により需給が緩み（ダル）、相場は下落。
再び採算性は悪化する。その後、既存装置の稼働率が減少し供給が調
整されるも、それでも追いつかないケースでは、経済原理に基づき競

争力の低い既存装置の統廃合が進み、供給量は減少する。そうしている間に、今度はGDPの成長に合わせて需要が増加することにより、いつの間にか増加した供給量に見合う需要量となり、需給は次第にバランスする。これまで採算性が悪化したことにより、投資のリターンが望めないことから新増設計画は減少している。供給は増加してこないため、今度は需要過多となり、バランスタイトとなる。相場は再び値上がりし、振出しに戻るというかたちになる。この一連の流れをスーパーサイクルと呼び、**図4-10** に流れを示した。この需給のスパイラルに時間という概念を追加し、立体化させると、より製品は高付加価値化され、汎用品は低コスト化していくわけだが、石化産業はこのスー

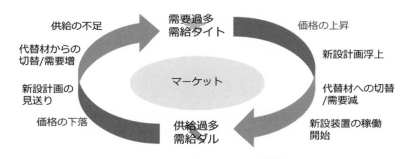

図4-10　スーパーサイクルの概念図

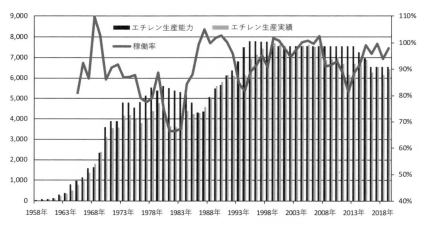

図4-11　日本のクラッカー稼働率の推移

パーサイクルによって、天国と地獄を交互に味わってきたと言える。それは国内のクラッカー稼働率の推移に見て取れる。**図 4-11** に示した通り、それぞれ 5 年から 10 年に一度、石化業界は苦境に陥ってきた。

　もちろん、装置産業のプレイヤーが金太郎飴のようにすべて横並びで、競合と全く同じということはないという点は申し添えたい。リゾートホテル業でいえば星野リゾートなど新しい付加価値を提案するような企業は、装置産業でありながら新しい需要を創出することにより競合と差別化できるし、石油化学工業でいえば同じ合成樹脂を生産する装置でも、差別化グレードを開発できているメーカーとそうでないのとでは競合する市場が全く異なり、前者は熾烈な汎用グレードの競争から遠いところでビジネスを展開できる。また、自社品しか適合しないような新たな用途（需要）を開拓できていれば、当然そのなかの市場原理で運営することができる（しかし、情報のグローバル化が実現されている昨今では、ガラパゴス的マーケットはほとんど存在しなくなった）。ただし、一物一価的な商品がまだ多いような石化製品（モノマーや汎用樹脂の大量生産グレードなど）では、このスーパーサイクルから離れてビジネスすることは非常に困難と言える。付加価値の高いグレード（特殊品）は市場がニッチであるからこそ高値で販売できる側面があり、数量を多くさばくことは困難だからだ。汎用グレードの割合は事業再構築が進んだ現在もなお、国産品の一定割合を占めている。

　このスーパーサイクルの予想は主にクラッカー装置の新増設の推移をみると容易に理解することができる。なぜクラッカーなのかといえば、クラッカーの新増設はポリオレフィンや合成ゴム、アロマ系誘導品など石化誘導品の増設と必ずセットとなっており、クラッカーの新増設≒石化製品の供給増と言えるからだ。このクラッカー新設に当たり重要視されるのはクラッカーマージンと呼ばれる、ナフサ 1 トン当たりから生産される石化モノマー製品の売値との値差だ。これまでの系譜を**図 4-12** に示しているが、変動コストとして 1 トン当たり 80 - 120 ドル程度要することを鑑みると、採算が良い時期と悪い時期が

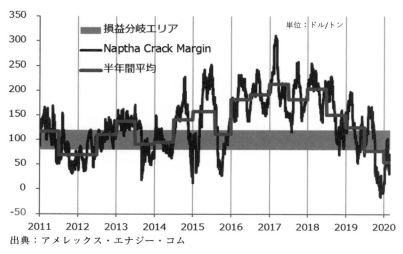

図4-12　クラッカーマージンの推移と損益分岐点（2011年～2020年）

はっきり見えてくる。例えば、2011年から2014年にかけては採算ラインぎりぎりで推移していたが、その後好転し2015年から2018年にかけては好況期を迎えていたことがわかる。しかし、2019年からは再び不況期へと突入している。不況期に入ったことを受け、石化製品の新設計画は**図4-13**に示す通り、大幅に減少している。また、**図4-14**に示す通り、クラッカーのメインの誘導品であるポリオレフィンのうち、最も生産量の多いポリエチレンとナフサとの値差も、このクラッカーマージンと同様に、スーパーサイクルと連動する形で推移していることがわかる。クラッカーの新増設が多かった2012年から2013年、2018年後半以降においては、ポリエチレンの新装置が次々と立ち上げられ、同時に需給環境が悪化した（供給過多となった）。また、2012年から2014年は装置の統廃合が進行し、新増設計画が減少したことから、2015年から2018年の需給バランスタイト化（＝相場の上昇）につながったと言える。

　このように世界の新増設計画や統廃合の流れがスーパーサイクルを引き起こし、3－4年スパンでの需給環境を決定させる。足元の環境がそのサイクルのどの位置にいるのか、汎用石化製品に携わる人間で

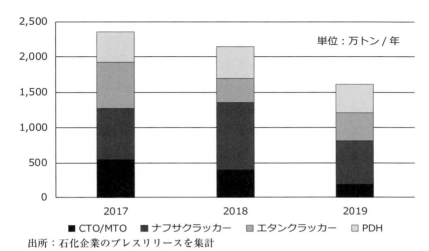

出所：石化企業のプレスリリースを集計

図 4-13　石油化学装置の新増設計画の生産能力推移（2017 年〜2019 年）

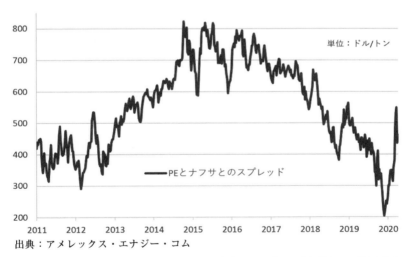

出典：アメレックス・エナジー・コム

図 4-14　ポリエチレンとナフサのアジア相場のスプレッド（2011〜2020 年）

あれば、正しく把握しておくことが必要だろう。正しく把握するために
は、相場の値動きのみならず、供給装置の状況（新設計画打ち出し、
延期、完工、稼働開始時期、統廃合など）に関係した情報をウォッチ
しておくと良いだろう。トレーダーでなければ、四半期か半年に一度

で十分なので、冷静に需給の見通しを検証する機会を作る、ないしはそのようなセミナーに参加すると良いだろう。

　このスーパーサイクルは様々なドラマを生んできた。マーケットの低迷期では、必ずと言っていいほど、参加者の間で悲観論が台頭する。「もう○○のマーケットは死んだ」という言葉を何度聞いたことだろうか。○○はエチレンやPE、PP、PETなど、およそ全ての市況製品が代入できる。それらは、これまでの歴史のなかで少なくとも2回以上は死んだことがある。問題なのは、この悲観論のなかで再構築プランを創造するなか、縮小ばかりで新たな投資へと話が進まない点だろう。世界の環境は多く変化する。だれがシェールオイルの台頭による原油、ナフサ相場の下落を予想していただろうか？まさかこれほどまでに技術革新が進み、製造コストが引き下げられ、大増産が可能になるとは、2014年時点で想像していなかった。死んだはずのマーケットが生まれ変わるということを、念頭に置いたシナリオBを置いておくのとそうでないとでは、全く見方が異なる。一方、逆も然りである。好況期は再び相場が壊滅的に下落することなど、頭に入ってこないし、「もうオイルショックは起こらない」とか、「リーマンみたいな暴落はない」との神話も登場する。誰がそんなことを保証できるのだろうか。実際、需給がタイトになり日々玉繰りに苦労し、次々と値上げを実施していくと、市場参加者の間でバラ色のコンセンサスができ上がり、先々の需給に対する分析や需給の緩みへの備えをするまで手が回らない。ここでも、シナリオBが浮上してこない。このぼんやりとしたコンセンサスほど怖いものはない。相場が下落しても足元の状況に盲目となり、対応が遅れてしまうのだ。

　このマーケットの大いなる循環に対して、多くの企業は毎四半期利益を計上しなければならないという呪縛のもと、好況期は楽天家、不況期は悲観家として振る舞ってきた。そしてマーケットが再び変化し逆転すると、特に不況期に準備なしで入った際に、まだ事業責任者が過去の幻想にとりつかれると、適切な対応ができず後手に回り、桁外れの損失を招くケースもある。また、自分でコントロールできない部

162

分によって否が応でも決定されてしまうことへの「つまらなさ」や「空虚感」は、働く人のモチベーションを低下させることもしばしばだ。それは、分析の不足や視野の狭さ、想像力の欠如によりもたらされた「想定とのギャップ」に事業責任者が真摯に向き合わず、そして長期的な視座に立って判断することを忘れ、それをそのまま「相場の不条理」と「不運」という漠とした概念へと押しやったことに対するツケということもできる。

　釈迦に説法となってしまうが、このスーパーサイクルとうまく付き合うことがとても重要と言えるだろう。周りに流されずに、たとえ周囲とは意見が異なっても、メンバーであらゆる可能性を徹底的に議論し、自社のスペキュレーション（見方）を、しっかりと持つことが大切だ。ドイツの哲学者ウィトゲンシュタインは「幸せな人の世界と、不幸な人の世界は、全く別ものである」と『論理哲学論考』の中で語っている。確かに彼が言う通り、自分自身や社会の今の共通認識の呪縛から自由になり、別の世界を想像し思いやることは非常に難しい。しかし、そこで割り切ってしまっては、あまりに宿命的で受動的であり、つまらない世界になってしまわないだろうか。

第 5 章

未来のマーケットと石化産業

　これまで当たり前のように口にしてきた「ナフサクラッカー」や「原油相場」、「ナフサ相場」、「国産ナフサ価格」、「ナフサフォーミュラ」、「2N」、「石化製品のアジア相場」について、その成立過程や本質的な意味について読者の方と共有できたようであれば、既に本書の目的のほとんどが達成されている。これまで説明した内容は恐らくこれまで多くの市場参加者が認識していたものの、既成事実として無条件に受け入れてきたものが多かったのではないだろうか。検証や吟味をすることなく、無条件に受け入れるというのは、非常に危険である。その本質的な歴史や背景、仕組みを知っておくことは、所属する社の販売、調達戦略といったミクロな話のみならず、産業全体の在り方を考える意味で重要と言えるだろう。改めて、本書の目的がほぼ完遂したということで、筆者もここからは少し自由に、将来の石油化学産業について、「マーケット一般」や、「持続可能な成長」、そして「個人がプロフェッショナルたりうること」、という三つの観点から少し語らせて頂きたいと思う。

5.1　ナフサクラッカーは淘汰されるのか

　米国において、シェールオイル・ガスから分離生産された安値のエタンを原料に石油化学製品を生産する動きが活発化したのは、2013年から2014年にかけてのことだ。軽質なシェールオイルの生産技術が進歩し、気体（ガス）と共に液体（オイル）も大幅に増産され、シェールオイルから分留されたエタンやLPG、軽質ナフサは米国から大量に輸出された。米国におけるエタンベースの大型クラッカーは、2017年秋のダウ・ケミカルのエタンクラッカーを皮切りに、**表5-1**の通り新設計画が乱立。ハリケーン・ハービーによる被災に伴い、生産開始は計画よりも約1年弱遅延したものの、供給能力は大幅に増加した。エチレン誘導品であるポリエチレンの生産装置も併設され、米国からの輸出量は**図5-1**に示す通り、2017年以降3年間で2倍強まで増加。アジアへの輸出量においては2.5倍以上の伸びを記録した。増設がほと

んどなかったポリプロピレンの輸出数量（**図 5-2** 参照）と比較すると、ポリエチレンの輸出増加は歴然としている。これまで限定的だった米国からアジアへのフローが完成し、アジア相場を冷やした。米国からは欧州を経由せずにアジアへ、パナマ運河を通過する太平洋航路で直接結ばれ、これにより石油化学製品のトレードフローは、全球化（グローバル化）が完了したと言える。

　アジア市場では 2013 年から 2017 年にかけて石油化学事業に対する楽観論が再燃していたが、実際に米国からモノが仕向けられ相場が冷えると、一転して悲観論が台頭した。シェールベースの石化製品流入と共に、中国では石炭やメタノールベースで石化製品を生産する装置（CTO、MTO）が立ち上げられ、中国の 2019 年エチレン輸入量はチャイナショック以降初めて、5 年ぶりの減少となった。石化製品のスーパーサイクルは供給装置の増加を背景に、2018 年秋口からは不況期に入っている。これまで多くの分析機関や金融機関は、石炭やシェールオイルベースの石化製品のコスト競争力がナフサよりも大幅に優位となると、そしてナフサベースの石化製品は一定量が淘汰されると、声高に語ってきた。実際、**図 5-3** に示す通り、それぞれの地域、原料毎に競争力を比べるとナフサベースの競争力は劣位となっている。

　しかし、私たちは既に第 2 章で見てきた通り、これまで石化製品をめぐって、欧米のエタンベースの脅威は 1980 年代にも経験済みであることを知っている。当時もエタンはナフサ対比安価であったし、米国では昔からエタンを原料に石化製品を生産してきた。そしてその当時も日本の石化は困難にぶつかり、不況カルテルやアライアンスなどを通じて乗り越えてきたことも知っている。そのような歴史を踏まえれば、未来永劫ナフサベースの石化製品が不遇の運命をたどると言えないのは明らかだ。実際、2020 年に発生したコロナショックによってシェールオイルは減産を強いられ、エタンクラッカーの新設計画において、2020 年以降に予定されていたものは一旦白紙となっている。必要以上に将来のマーケットを悲観する必要はないのではないだろうか。石化製品は引き続きナフサクラッカーからの生産がその大半を占める

状況に変わりはないだろう。

表5-1　米国におけるエタンクラッカー新設実績と計画

時期	参画企業名（日本語表記）	能力 （万トン／年）
2017 年 3 月	Occidental Chemical, Mexichem （オキシデンタルケミカル、メキシケム）	55
2017 年 10 月	Dow Chemical （ダウ・ケミカル）	150
2018 年 3 月	Chevron Philipps（CP）Chemical （シェブロンフィリップスケミカル）	150
2018 年 8 月	ExxonMobil Chemical （エクソンモービルケミカル）	150
2019 年 1 月	Indorama （インドラマ）	42
2019 年 4 月	Shintech （シンテック）	50
2019 年 5 月	Lotte Chemical, Westlake （ロッテケミカル、ウエストレイク）	100
2019 年 4Q	Sasol （サソール）	150
2019 年 4Q	Formosa Plastics （フォルモサプラスチック）	120
2020 年	Total Petrchemical, Borealis, NOVA Chemical （トタールペトロケミカル、ボレアリス、ノバケミカル）	100
2020 年	Shell Chemical （シェルケミカル）	160
2022 年	ExxonMobil Chemical, Sabic （エクソンモービルケミカル、サビック）	180
2023 年	ExxonMobil Chemical （エクソンモービルケミカル）	150
2023 年	PTT Global Chemical, Daelim （PTT グローバルケミカル、大林）	150
2024 年	Chevron Philipps（CP）Chemical, Qatar Petroleum （シェブロンフィリップスケミカル、カタール石油）	200
2025 年頃	Formosa Plastics （フォルモサプラスチック）	120
2028 年頃	Formosa Plastics （フォルモサプラスチック）	120
※灰色欄は既に稼働済	能力合計	2,147

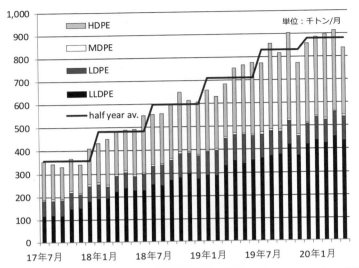

図 5-1 米国のポリエチレン輸出数量推移（2017 年 7 月〜2020 年 1 月）

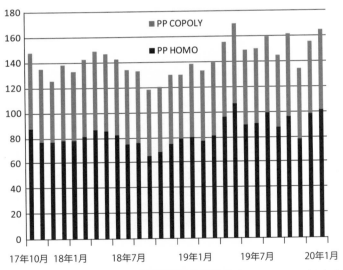

図 5-2 米国のポリプロピレン輸出数量推移（2017 年 10 月〜2020 年 1 月）

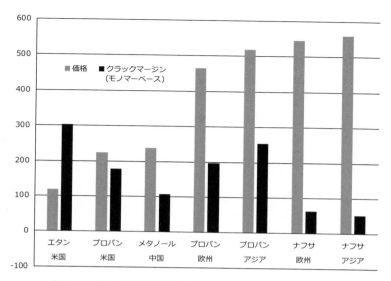

図 5-3　炭化水素原料別の価格（2020 年 1 月 10 日時点）

　未来の石油化学産業を予想するうえで、ポイントは三つある。一つ目は国内企業間でアライアンスが進むということ。汎用品の比率が減少したとはいえ、日本ではクラッカー 1 基分程度は余剰能力を削減しても内需を賄えるバランスと言える。モノマーベースでの輸出比率が高く、クラッカーが 2 基存在している川崎地区の動向が注視される。川崎地区は元々、旧東燃ゼネラル石油、旧 JXTG エネルギーという資本関係のない会社がそれぞれ 1 基ずつ運営してきたが、2017 年に両社は合併しており、さらなる合理化や固定費削減の動きがあっておかしくない。これまでの歴史（1980 年代の不況カルテルによる設備廃棄後の好況、1990 年代の大手石化会社統合後の好況、2000 年代のクラッカー統廃合後の好況）が証明するように、スーパーサイクルが不況期から抜け出す間際に統廃合は合意に至ることが想定され、好況期に入った際、国内の需給をさらにタイト化させる可能性はある。

　二つ目は、原油相場は今後も大幅に変動することが想定され、高値に張り付いてもその状態が 2 年以上維持されるとは想像しづらいことから、ナフサの他の石化原料と比較した競争力はそれほど棄損されな

いという点だ。サウジアラビアはこれまで協調減産を三度破棄してきた。1985年、1997年、そして2020年だ。サウジアラビアは、OPECだけが減産することにより世界の原油需給をバランスさせる「スイングプレーヤー」にはなりたくないという強い意志がある。そもそもコスト競争力が最も高いのはサウジアラビアであり、自身が減産の先頭に立つべきではないからだ。2014年のシェール革命により、米国のシェールオイルとのシェア争いをした際は、ロシアを道連れにできたことによって2017年以降の協調減産に踏み切れた。世界全体での減産体制を市場原理の観点から拒否する米国やカナダは2020年4月に合意された減産合意について、自然減で対応するとしたが、これは原油が値上がりすれば増産することを意味している。ダラス連邦準備銀行の調査によれば、シェールオイルのブレークイーブンポイント（採算分岐点）は鉱区によって異なるが、既存の油井であれば平均で28ドル、新規の油井であれば平均50ドル近辺となっている。この新規油井の採算分岐点以上に相場が値を上げれば、シェールオイルの生産は、1～2年程度の時間をおけば復活し、石油供給は増加するだろう。一方、需要面も大幅な石油の消費増加を期待できない環境だ。新型コロナウイルスの出現と環境問題への関心の高まりにより、世界の産業構造を中長期的に一変していくことが想定される。地球の反対側にいる取引先と直接会わなくとも、ある程度の仕事ができることは、既に多くの人が理解している。そして無制限の人間の移動がいかに衛生危機に脆弱かもはっきりと認識された。同時に、温暖化の問題に対して産油国は未だに有効な答えを導き出さず、どちらかというと消費者（需要家）側が使用量を抑える方向に傾いている。アフターコロナの新秩序のなかで需要が減少すれば、当然2000年～2020年3月までのほとんどの期間がそうであったような、投機筋による断続的買いが影をひそめる可能性は否定できない（その他の変動要因については第3章3.10後半部で記載している）。ナフサは競合するガスや石炭に対してコスト競争力が致命的なほどに劣位と言われることもあったが、原油の価格が相対的に低位となれば、ナフサ由来の石化製品の競争力は

エタンや石炭と比較してそれほど低下しないだろう。

　三つ目は、やはりスーパーサイクルが続くと言うことだ。資本主義の基本である市場原理により、好不況は繰り返されるだろう。エタンや石炭ベースの新装置はあくまで「原料コストにおいてのみ」競争力のある装置にしかすぎず、それがナフサベースを駆逐するほどの規模では出現し得ない。コロナ渦によって原油が値を下げ、石油製品需要が減少したことにより、オイルメジャーの経営環境は悪化した。これに伴い、シェールベースの新増設計画は一旦遅延ないしは撤回されている状況だ。つまり競合原料の浮き沈みそのものも、ナフサクラッカーを中心としたスーパーサイクルの一つの要素でしかないのだ。これまでも、そしてこれからも、エネルギー効率の高い（≒コスト競争力の高い）大型装置や、安い原料を選択的に使用できる（いわば「入口」を極めた）装置、石油精製と石化のインテグレーション（統合最適化）を極めた装置、石化誘導品の付加価値を引き上げた（いわば「出口」を極めた）装置が、スーパーサイクルの不況期でも生き残っていくことになるだろう。反対に、何かしらの優位性を発現させるようなそれらの材料を持ち合わせない装置は、これまでの歴史がそうであったように、不況期にふるいにかけられることになる。

5.2　栄養を与えなければ、やがて朽ちる

　石化産業の将来を考えるうえで、もう一つ大切なことを共有したい。それは元ハーバード大学ビジネススクール教授のクレイトン・クリスティンセンが唱えた「限界思考の罠」と「破壊的イノベーション」の理論だ。クリティンセンは実に様々なビジネスにおける失敗例や潜在リスクについて、この概念を用いて説明する。その中の製造業に関する事例として、US スチールが競合であったニューコアに、ミニミル（電炉の一種）と呼ばれる従来よりも安価な生産方式での鉄鋼製品によって、大きくシェアを奪われてしまったという件を引き合いにしたい。US スチールはニューコアのミニミルの脅威にさらされながらも、

社内で投資に対する限界利益（リターン）の回収に時間を要することを理由に、ミニミルへの投資を見送る。この時、既存の商権が奪われるという損失リスクと、新たな設備を導入することによって得られる知見（無形財産）は全く考慮されなかった。その結果、USスチールは鉄鋼製品生産量第一位の座をニューコアに明け渡し、営業利益率も大きく差を付けられた。驚くべきは1997年に著書『イノベーターのジレンマ』の中でクリスティンセンが示唆した後、20年以上経った2019年、USスチールはミニミル専業のビッグリバースチールの株式49.9％を7億ドルで取得（2020年中に残りの50.01％も取得する見通し）。結局、顧客のシェアを奪われただけでなく、当初ニューコアに対抗してミニミルを始める際に要したであろう資金をはるかに上回る額を支払うことになった。以下、『How Will You Measure Your Life?』クリスティンセン著より、これをまるで予言したかのような部分を以下に引用する。

「投資に要する当面の費用はわかるが、投資しないことの代償を正確に知るのはとても難しい。既存製品からまだ申し分のない収益が上がっている間は、新製品に投資するメリットが薄いと判断すれば、他社が新製品を市場に投入する可能性を考慮にいれていないことになる。ほかのすべての条件が—具体的には既存製品から得られる利益が—これからも永遠に変わらないと仮定しているのだ。また決定の影響がしばらく現れないこともある。このような「限界的思考のレンズ」をとおしてあらゆる決定を下す企業は、いつか必ず代償を払うことになる。成功している企業がこの思考にとらわれたせいで、将来への投資を見送り続け、最後に失敗する例はあとを絶たない」

　USスチールのような限界思考的な投資戦略は恐らくどの企業も実施しているし、それそのものが悪ということではない。しかし、既存のビジネスが将来にわたり続いていくためには、その業界のフロンティア（先駆者）はライバル企業への優位性を保全するために、積極的な

投資が必要ということだ。それは、人の投資でもいいし、設備でも、研究開発でもいいだろう。構造改革が終われば、あとは胡座をかいていても利益を稼げるような世界を想定しない方が良いだろう。それが行き着く先は共産主義であり、資本主義の根幹である市場原理を拒否していることと同じだからだ。伝統は革新の連続によってはじめて継承される。USスチールにおいてミニミルに反対したのは最高財務責任者（CFO）だった。また、分野によっては自ら低廉な市場を創造し、競合を駆逐するというニューコアがやったような方法も有効な策と言える。これは自らこれまで作り上げてきた市場を破壊し、低廉なマーケットを創造して他社を圧倒する破壊的な営みであることから、クリスティンセンは「破壊的イノベーション」と呼ぶ。石化業界は「破壊的イノベーション」を自ら創造するような業界ではないかもしれないが、限界思考の罠に陥らないためには、とにかく内向きにならず、様々な情報や考え方に触れ、広い意味での投資を積極的に実施することが必要だろう。

　日本の総合化学会社はファインケミカルやヘルスケア・医薬系の事業など多角化を実施しており、総合化学会社における石油化学部門は投資がかなり抑制されているという話を聞く。投資の最適配分は経営の基本原則であり、新規事業に芽があると思えば一時的にそちらへ多く投資するのは自然と言える。ただし、良い意味でも悪い意味でも選択は結果を伴う。老朽化への対応が不十分となり生産が不安定化すれば、そしてスーパーサイクルのなかで生き残るための新たな材料（安定生産への信頼、安価原料に対応可能なフレキシビリティの追求、統合連携、スクラップ＆ビルド、製品付加価値向上など）を追求しなければ、USスチールの二の舞となる可能性もあると言える。今現在、お客さまと共有しているブランドや伝統を継承していくためには、常に革新が必要であることを忘れてはいけない。

5.3　大量消費社会の終わり

　石化産業の将来を語るうえで、もう一つ欠かせないのは、環境との共存というテーマだ。これまで石油産業や石化産業は、人間の生活を快適に、豊かなものにするために社会と共に成長してきた。よりエネルギー効率の良い潤滑油ができたり、公害を減らすためにガソリンや発電・産業向け燃料油の硫黄分を少なくしたり、これまでは自然界にあまり存在してこなかった物質を化学的に合成し、薄く延ばしたり、固めたり、発泡させたり、他のものと混ぜ合わせて焼いたりと、地底に眠る炭化水素資源を有効利用することにより、これまで少なくとも世界中に暮らすほぼ全ての人間が豊かな生活を享受してきたと言える。しかし、この素晴らしい能力を持つ炭化水素は、地中から地上へ出た後、その一部は燃焼を通じて酸素と反応し、二酸化炭素となって空気中にばらまかれた。2018年に発表された2,700ページに及ぶIPCC（気候変動に関する政府間パネル）の報告書では、少なくとも2050年までには温室効果ガスの排出を実質ゼロにする必要がある旨、警鐘を鳴らしている。大量消費社会はある一定の時代に生きた人間の生活を快適に、豊かなものにした。しかし、地球温暖化によってその恐らく数千倍近い時代を生きるであろう、今の人間の子孫たちの生活を不快に、かつ貧しくしてしまう可能性がある。

　2017年から高まったプラスチックへの逆風の担い手は、一つはこの地球温暖化だった。スウェーデンの環境活動家グレタ・トゥーンベリはこの問題を知って以降絶食となり、様々な病院へ通うも、快方に向かわず、この不安と絶望を受け入れたうえで学校ストライキというアウトプットに帰結した。世界で気候変動による異常気象が多発するなか、この運動は瞬く間に広がり、16歳の少女は2019年国連本部にて開かれた地球温暖化サミットで演説を実施。未来の世代へ地球を残すという命題は、2015年に国連によって取りまとめられたSDGs（Sustainable Development Goals、持続可能な開発目標）推進とも軌を一にしたこ

とにより、あらゆる企業がこの対応に追われた。サステナブルソサエティ（持続可能な社会）、低炭素社会（Low Carbon Society）、カーボンニュートラル（使用する炭素と、吸収する炭素を平衡化させるということ）やサーキュラーエコノミー（循環型経済）など、言葉は違えども、実質的な目的は同じである。とにかく、地中の炭素をそもそも使用しない仕組みを作ったり、空気中に放出する量を減らしたり、もう一度循環させたりする取り組みを、世界のプラスチック関連企業は模索し始めている。日本においても、2014年に石油化学工業協会が新しい石油化学のコンセプトとして「循環炭素化学」を打ち出し、地中から掘り起こした炭素資源を有効活用したうえで、大気に排出された炭素資源をそのままにするのではなく、再び利用可能な炭素資源に戻すというコンセプトを発表した。

　炭素を循環させるためにはどのようにすればいいのか、現時点では三つの道がある。一つ目はそもそも炭素を使わないで、別の資源を活用する（リデュース）という道。地球への負担と相殺できるような必要性がなければ、使用しないという話だ。自動車がガソリンを燃やすことで得られるエネルギーを使用する、内燃機関を持つ仕様から、電気を動力として利用し内燃機関が不要になる仕様（電気自動車）へとシフトするのもその流れと言える。また、プラスチックから紙など（非化石資源）へ切り替える動きも加速している。二つ目は再利用（リユース、リサイクル）する道。プラスチックでいえば、粉砕してなにかに活用（例えば公園のベンチなど）してもいいし、粉砕したあと熱をかけて溶解しペレット（粒つぶ）に戻すのでもいい。これらはマテリアルリサイクルと呼ばれる。これは資源のない日本やドイツでは古くから有効利用が進み、再生樹脂として販売するリサイクルメーカーは多数存在する。また、使用済みのプラスチックを熱分解することにより分解油（ナフサに近い成分）とガスを発生させ、そこからクラッカーなどを経由して再びプラスチックを生産することも可能だ。このように化学的に再合成する方法をケミカルリサイクルという。三つ目は、再生可能原料（バイオマス）から生産するという道だ。地底に眠

る炭化水素ではなく、再生させることができる木材やさとうきびなどから生産するもので、バイオグレードとして広く知られている。バイオディーゼル、バイオエタノール、バイオプラスチックといった具合だ。これは生産されるプラスチックは従来のプラスチックと同一であり、炭素の放出量は何ら変わらない。しかし、放出した炭素分は等量分再生可能であるという点が異なる。この三つの道について、今世界の石油化学会社が注力しているのは再生可能原料由来のプラスチック開発とケミカルリサイクルということになる。世界でいち早くこの研究開発、商業化を進めたのは欧米企業だが、日本企業も積極的に取り組み始めている。**表 5-2** に、主な取り組みを紹介する。

　なお、多くの読者が既に知っている通り、炭素の循環という意味でサーマルリサイクルも道としてあるにはある。これまでプラスチックをただ単に捨てられていたのではれば、それよりは熱量（サーマル）に変換し電気を作った方が資源の有効利用の実現には良いのかもしれない。しかし、発電するのであれば、プラスチックよりも効率が良く、炭素排出量が少ない資源を利用した方がより良いということになるだろう。原子力を除けば、**図 5-4** に示した通り LNG が最も燃焼カロリーが大きく、排出される炭素の数量も少ない。発電は風力や水力、波力、地熱など自然エネルギーを活用する方向でのイノベーションが今後生まれる可能性もあり、LNG であっても未来永劫最も効率が良い原料とは言えない状況だ。そのため、プラスチックを電気に変える道は最善の道ではないという点は、申し添えたい。

　そして、プラスチックへの逆風について、もう一つの担い手となったのは、海洋プラスチックだ。2017 年の夏以降米国メディア大手 CNNではコマーシャルで海洋プラスチック問題を特集。連日放映され、欧米圏では多くの視聴者がくぎ付けとなった。ペットボトルやフォークなどの使い捨てプラスチックが海に廃棄され、魚が食べた後、それを最終的に人間が食べるという衝撃的な内容だった。マイクロプラスチックという言葉が世間で広まったのも同時期となった。そしてウミガメの鼻に刺さるストロー、海鳥やクジラの死体の胃袋から発見され

表 5-2　主な日本の化学会社の循環型社会実現に向けた取り組み

発表日	会社／機関	取組み種別	主な内容
2019.8.28	昭和電工	ケミカル	宇部興産らと共同で、EUP（Ebara Ube Process）技術を採用した廃プラスチックのガス化（ケミカルリサイクル）処理設備の EPC に関わる協業検討を開始
2019.9	三菱ケミカル	生分解性	生分解性バイオマスプラスチック「BioPBS」を用いた事業が環境省の委託事業に採択
2019.9.5	東レ	ケミカル	回収 PET ボトルを繊維原料として再利用する取り組みを開始
2019.9.26	三井化学	再生可能原料	バイオポリプロピレン（バイオ PP）実証事業が環境省の委託事業に採択
2019.11	旭化成	マテリアル	メビウスパッケージングやライオンと共同で、使用済みプラスチックを資源として再利用するマテリアルリサイクルの技術開発を開始
2019.11.26	東レ	ケミカル	リサイクル PET 樹脂を採用した機能素材を開発
2019.12.19	カネカ	生分解性	生分解性ポリマー「PHBH」の増強を完了
2020.2.12	ユニチカ	再生可能原料	環境配慮型ナイロンフィルム「エンブレム CE」を開発
2020.2.26	DIC	ケミカル	産業技術総合研究所と共同で、ケミカルリサイクルとバイオリファイナリーを基軸とした機能材料開発拠点を新設
2020.2.27	積水化学工業	ケミカル	住友化学と共同で、ごみを原料としたエタノールからポリオレフィンを製造する技術開発で協力
2020.2.28	三菱ケミカル	全般	サーキュラーエコノミーを推進する新部門「CE 推進部」を設立
2020.3.4	住友化学	ケミカル	室蘭工業大学と共同で、廃プラスチックを化学分解し、プラスチックなどの石油化学製品の原料として再利用するケミカルリサイクル技術に関する共同研究
2020.4.13	東洋スチレン	ケミカル	使用済みポリスチレンを原料としてスチレンモノマーへ再生するケミカルリサイクルの事業化を計画
2020.6.5	花王	再生可能原料	バイオマス由来のセルロースナノファイバー（CNF）を配合した複合高機能樹脂「LUNAFLEX」を開発
2020.6.9	三菱ケミカル	再生可能原料	植物由来の生分解性樹脂「BioPBS」と再生可能な紙製バリア素材「シールドプラス」を使用した循環型包装材を共同開発
2020.6.16	ENEOS	再生可能原料	光合成を活用した藻類バイオマスの培養規模拡大と藻由来の製品開発
2020.6.16	GS アライアンス	再生可能原料	生分解性樹脂とセルロースナノファイバーを複合化した生分解性樹脂を開発
2020.6.19	住友化学	全般	プラスチック資源循環へ向けた PDCA（計画、実行、評価、改善）サイクルによる内容の充実化および質の向上を推進
2020.6.30	サントリー、東洋製罐ほか計 12 社	ケミカル	㈱アールプラスジャパンを共同出資して創設 使用済みプラスチックのケミカルリサイクルに向け、アネロテックの技術活用を推進

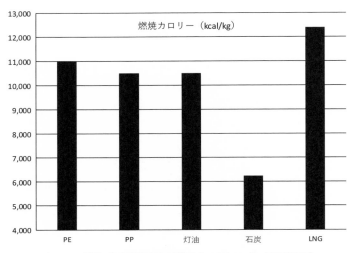

図 5-4　炭化水素資源別の燃焼カロリー（＝発電効率）

る大量のプラスチックごみは、海洋生態系への深刻な影響を露呈した。結果として、地球温暖化と海洋プラ問題は高波となって石化産業を直撃した。

　この海洋プラ問題に対しては、そもそも海に投棄させないために国や企業、民間団体が監視するということ、そして仮に海に放出されても分解されるような生分解プラスチックを使い捨てプラスチックに適用させることが有効な解決策となっている。ポリ乳酸など様々な生分解プラスチックがやり玉に挙げられているが、生産能力が限られており、基本的には使い捨て用途限定となりそうだ。また、一般的なプラスチックに比べて高値であることから、消費者はどうしても使い捨てプラスチックが必要な際は、これまでよりは高い費用を支払うということになるだろう。ペットボトルにおいては世界最大手のインドラマが世界の各地域でペットボトルの回収、リサイクル拠点を整備することを発表。対策としてはペット樹脂メーカーの中で抜きん出ている。

　私たちは明らかにこれまでと全く異なる価値観に遭遇している。このパラダイムシフトは 100 年に一度のチャンスと言っていいだろう。欧州はこの変化にいち早く呼応し、環境対応の樹脂を第三者機関が認

証する独自のシステムを構築。将来的には炭素税の創設へと帰結する可能性が高い。ドナルド・トランプ米大統領はこれを拒否したが、時代の流れに背いた代償は、ジョー・バイデン米大統領によるグリーンニューディール政策によるパラダイムシフトをもってしても、炭素税のスキーム作りでEUの後塵を拝しているという意味で高くつく可能性がある。炭素税の考え方は非常にシンプルで、炭化水素を使用した分（ガソリンやプラスチックを使用した量に応じて）、排出された炭素を回収、低減、吸収できるような環境対応への投資費用を支払うことで還元するというものだ。平たく言えば、炭化水素を使用したら、その分は空気中に放出された炭素を減らすために必要な金額をしっかり払うということであり、フェアな仕組みと言える（ただし、生活水準の低い新興国に対してこれまで大量にCO_2を排出してきた先進国と同等の義務を課すことは明らかにアンフェアであり、今後の仕組み作りにおける焦点となる）。

　バージン樹脂は大量に需要家によって消費されることが至上価値となってきたが、今後はどのような用途で有効活用されるのかという点がキーポイントになる。産業全体がバージン樹脂をキャビアのように貴重なものとして使用する時代が来てもおかしくない。メタロセン触媒技術の開発以降、やや停滞気味となってきた汎用プラスチックのイノベーションにおいて、環境対応技術が新しい風を起こすことは間違いないだろう。ケミカルリサイクルされたナフサや、再生可能原料由来のエタノールからの石化製品が生産され、環境対応エチレンやポリエチレンなどの相場ができる可能性がある。その際のプライシングリーダーはサトウキビ価格になるかもしれないし、もしかしたら廃プラスチックや廃木材や生ごみの取引価格になるかもしれない。今はこの環境対応技術をめぐる戦国時代に入ったばかりであり、効率性が高く低コストに生産できる技術が選択されていくだろう。

　最後に、プラスチックにまつわる有名な言葉として、国連環境計画・事務局長を務めたノルウェー出身のエリック・ソルハイムの言葉を紹介しておきたい。

「プラスチックが問題なのではない。問題なのは私たちがそれをどう扱うかだ。この奇跡の物質をもっと賢く使用するための責任が私たちにある」

"Plastic isn't the problem. It's what we do with it. And that means the onus is on us to be far smarter in how we use this miracle material."

5.4　プロフェッショナルであろう

　日本の化学メーカーの技術力は世界でトップクラスということは紛れもない事実だ。かつてオイルメジャーや欧州の化学会社の牙城だった、エチレンやポリオレフィンなどの石化製品の生産技術は、独自のアレンジを加えて技術をさらにブラッシュアップした。なかには、自社プロセスまで開発し、差別化している製品も存在する。そして触媒や製造プロセスを輸入して始まった日本の石油化学は、世界へ逆輸出するまでに成熟した。多角的に規模を追求し一時は大きな利益を生んだが、規模の大きい汎用品は海外のスケールが大きな新装置を前に、縮小を余儀なくされた。ただしその中でも、ただ単に縮小するだけではなく、選択と集中を臆することなく実施し、それぞれの会社が持つ強みが発揮できる分野で、新規投資、研究開発を通じ付加価値を追求し続けた。これによって、汎用品分野においてですら1958年に誕生した以降60年以上経た今日まで生き残ることができた。

　素晴らしいイノベーションを世界に供給し続けてきた日本の石化メーカーだったが、今後はさらにマーケットの変化に対して機敏に対応していくことが求められる。基本的に、資本主義である限りは付加価値製品であってもどこかのタイミングで、付加価値的イノベーション（より良い材料の開発）や、破壊的イノベーション（廉価品の出現）により陳腐化を余儀なくされる。もちろん、常に新しいものを創造し脱皮を続ける（過去の物は毎年捨て続ける）という道も、初期投資の必要がなく早い資本回転が可能な産業では可能だが、装置産業でそれ

をやるのは不可能だ。つまり、高い技術力で常に先を行く製品を開発し続けたとしても、それらは永遠に「金のなる木」にはなりえず、やはり競合とマーケットの中での競争を余儀なくされる製品は持ち続けるということになるだろう。常に汎用と呼ばれ、市況に左右される製品群を持ち続けるということは、マーケットとの付き合い方を熟知した専門家が、付加価値を追求する技術者と同じレベルで必要ということを意味する。荒れ狂うマーケットの中でどのようにマージンを確保していくのか、今後の成長戦略をどのように構築するのか、ということとは、新規の付加価値商品開発と同様に、重要であるという点はおさえておきたい。

　ナフサや石化製品のマーケットは第3〜4章で述べた通り、常に様々な情報や需給の変化を吸収して、常に変化し続ける仮想モンスターである。相場の本質は変化そのものにあることから、どんなサプライヤーであれその仮想モンスターを制御することはできない。しかし、需給の実態や社会の変化に対して仮想モンスターがどのような反応をしていくかはある程度想定、予想をすることができる。マーケットを作るのは結局ほかでもない人間だからだ。人間もマーケットも常に変化する。人間は様々な経験をするなかで、何度も考え方が変わることはあるし、あるいは表面的に変わっていないと思っていても、実は他の人から見ると大きな変化を見出されることもあるだろう。本質が変化であると言うことを認識すると、これまでのマーケットに対する姿勢は変わってくる。

　よく相場の先行きはわからないから、とにかくマーケットの上下変動によって損得が少ないような形にしようとする試みを聞く。これは日本の石油化学産業が初めて供給過多に陥った1970年代から聞かれる、古くて新しい試みだ。しかし、これは自社の生産システム最適化や余剰設備の廃棄など、内向きのインテグレーションに留まってきた。石化メーカー同士の合併も、特定の石化製品の合弁会社（JV）が多く、結局は部分最適に留まっている。変動するマーケットに対してしっかりとヘッジをするような外向きのインテグレーションをして

いる会社は残念ながら本当に少ない。この本ではこの外向きのインテグレーションまで解説するには紙面が不足していることから、それはまた別の機会にご紹介することとしたい。

　日本では「どうせ当たらないのだから、予想しても意味がない。結果だけわかればいい」という考え方の人が多い。一方、そういう人に限って「今回だけは翌期の国産ナフサ価格を上司に当てにいけと言われているので、予想を教えてほしい」という相談をしてくる。筆者はこういった方にマーケットの面白さを理解してもらうことが仕事なので、苦には思わないが、ふと冷静に考えると、なぜ普段からマーケットに真摯に向き合っていないのにもかかわらず、「予想しても意味がない」ということが「正しい」と認識できるのだろうか。そして、「今回だけ当てにいく」ための予想をできる限りわかりやすく懇切丁寧に話をしても、それほど興味もなくマーケットを見ていた方に、内容を正しく理解してもらえているのか、疑問に思わざるをえない。

　そもそも、マーケットが単なる偶然の産物であり、無秩序・無根拠のうえに人間と機械の空虚なマネーゲームのうえに成り立っているとしたら、世の中にトレーダーは存在できない。マーケットと真摯に向き合い、日々需給環境を研究しマーケットの変化を受け入れながら、自分のスペキュレーション（相場の先行きへの見方）を刷新していくことで、トレーダーは生計を立てている。メーカーはトレーダーではないと言われるかもしれない。しかし、市況に接しながら物を売買している時点で、それを実行している担当者は立派な現物トレーダーと言える。先物のペーパーを投機目的で売買する人だけがトレーダーではない。現物を動かす中で、必ず一定のスペキュレーションに基づいて意思決定をする場面に出くわす。どのタイミングで買うか、売るか、在庫はどういう持ち方をするか、そして販売との値差はどのようにヘッジするか、誰とどういったスキームで長期取引をするか、それともすべてスポット（入札）で売買するかなど、それを実行している時点で、暗黙のうちに一定のスペキュレーションの下、業務を遂行している。この行為遂行のことをエグゼキューション（Execution）と呼

び、ある一定の相場に対する見方（スペキュレーション、Speculation）の下、行動することを示す。マーケットに触れるなかで気がつかないうちに、スペキュレーションを持ち、そして判断、実行（エグゼキュート）していることになる。つまり、ほとんどの市場参加者は気づかぬうちに立派なトレーダーなのだ。国産ナフサフォーミュラでの売買もまさにその一つに当たる。「期ズレ2カ月でやりましょう」という言葉の裏にはいくつもの暗黙の合意があるということを、ここまで読み進めてきた読者はもう気が付いているはずだ（第4章を参照されたい）。

　日本は資源のない国である。アジアや世界のマーケットから無関係でいられないのは自明の理である。その観点で、これからも私たちはマーケットと上手に付き合うためのプロフェッショナルである必要がある。もし、筆者が何かこのことについてアドバイスできるとすれば、以下の点だけだろう。

1. **スペキュレーションを持ち、見直し続けること**

　　マーケットの本質は変化にある。しかしそれを理由に空虚と見なし、予想する行為を諦めてはいけない。まず、スペキュレーションを持つということが大切となる。その後は、新しい情報に基づきスペキュレーションを変化させなければならないし、過去の予想が異なっても、その営みそのものを空虚と思っていけない。大切なのは、正解することよりも、常に正解を模索する営み（姿勢）そのものだからだ。

2. **マーケットを貪欲に知ること**

　　スペキュレーションをやみくもに更新していくだけでは、知見も経験も積み増されない。新しい情報や他の参加者の動きを理解することで、マーケットの前提条件をブラッシュアップしよう（毎日朝10分間、マーケットの情報に触れるだけで、相場への向き合い方や相場観は大きく変わる）。触れる情報ソースについて、事物の複雑さを切り捨て、わかりやすさのみにフォーカスしたようなものには、よく注意が必要であり、疑ってかかるべきだ。

3. **最終的な答えを求め続けるということ**

　　マーケットの答えは常に変化する。何かのゴールに達成すれば
さらに別のゴールへと向かう。自然の摂理と同じように、あくま
でそれを知るために一歩ずつコツコツと努力するという姿勢を忘
れずに持つべきだ。真善美が何かわからないという前提で、追究
を続ける哲学の営み、ないしは自然の摂理を解明できなくても、
少しでも近づいていこうとする物理学の営みと一緒である。失敗
すればそれを教訓として、次に生かしていけばいいのだ。失敗し
たことによって新しい学びを得たというスタンスでいると、リ
ラックスしてマーケットと対峙でき、夾雑的な情報をスルーした
うえで、本質的な部分を見えやすくなる。

4. **誰でもプロフェッショナルたりうるということ**

　　自然の前で人間は平等であるように、自分がプロであると思っ
た瞬間にその人はプロでなくなる。真の職人は自分のことを職人
とは言わないのと同じだ。マーケットは誰にでも開かれていて、
参加者を差別しない。つまり、誰しもが努力を続ければプロにな
れるということだ。

　これらの考え方を単に私の虚妄によってのみ示していることではな
い（だからといってこれを押し付けているわけでは毛頭ない）、とい
うことを少し述べておきたい。四つのポイントの中で特に1と3の思
想的な裏付けは、プラトンが提唱した「不知の自覚」によっている。
高等教育における世界史や倫理の教科書には「無知の知」という言葉
が未だに載っているが、これは言語的にも矛盾していることから、納
富信留氏により学術的に退けられており、ここでは「不知の自覚」
（「知らざる＝知らない」ということを自分で認識すること）と表現し
たい。真実に対して知ったふりをするのではなく、自分自身がそれを
知らないということを素直に認めたうえで、それでも他社との対話を
通じて探究し続ける姿勢を、プラトンは自身の師であるソクラテスと
いう人間の対話集の一つである『ソクラテスの弁明』の中で説いてい

る。マーケットについてどうなるか答えはわからないと自覚しながら
も、自分の経験に安住することなく、謙虚かつ貪欲に、答えに少しで
も近づくために他社との対話や自身のスペキュレーションの刷新を実
施していく態度は、人間の生の営みそのものともいえるだろう。以下、
納富氏の論文より引用したい。

　"哲学が求める「知」とは、私たちが生きる現場から離れた高次の
ものではなかろう。善さや美しさや正しさという生にもっとも大切な
ことに関わり生きていく私たちに、「不知」というあり方が自己の思
いに即してどこまでも透明になること、それが哲学、つまり、知を愛
し求めることではないか。哲学は特権的な営為ではなく、私たち一人
一人が今ここで自身の生を問うことそのものである。…「不知」とい
うあり方への自省を徹底させることが私たちの「知」への関わりであ
り、不知を自らに証しつづけることが、知を愛することそのものなの
である。…何よりも、「知らない」と自覚することは極めて難しい。
しかし、真に不知を自覚しなければ、哲学は始まらない。つまり、哲
学者であることが、極めて難しいのである。"

　私はスペキュレーションが外れるときは本当に落ち込むし、なぜそ
の答えにたどり着けなかったのか、悔しいと思う。しかし、全力で新
しい情報を仕入れたうえで、それを判断し、スペキュレーションを刷
新していくと、ふいに全く別の発見に出会うことがある。その発見
は、他の多くの参加者は気が付いていないような何かの指標との関係
性かもしれないし、もしくは新たな価格スキームなのかもしれない。
クリスティンセンは合目的的思考の先に偶発的なものが待っていると
説いている。その中で引き合いに出されているホンダの事例（1950年
代後半、ホンダが北米市場に大型バイクで乗り込んだが、結果的には
スーパーカブという、本来販売しようとしていたものとは全く異なる
ものに行きつき、成功を収めた）と同様に、当初のゴールからは全く
想像できないようなものに行きつくことがある。マーケットを知ろう

といろんな人と対話をしていき、情報や考え方を聞いていくことをコツコツと続けていくと、時に全く別の新しい出会いや発想に巡り合える。実はこの偶発的発見が最も大切なものなのかもしれない。情報や他の人の考え方に対して貪欲に向き合い、自身のスペキュレーションを常に刷新していくことを止めない、ということが大切なのだろう。最初から、「どうせ当たらないので、別に追求しても仕方がない」というスタンスでは、この偶発的発見に出会うことはできない。そして、そのようなスタンスでいると、取るに足らない細かなルーティーンのように見えて実はとても大切だったり、掘り下げると奥が深かったりするような仕事も、その重要さに気づかず、おろそかにしてしまうだろう。

　石油化学は本当に面白い産業だ。この産業の中で働くことにより、いろいろな経験を積み、人生をより豊かにできると信じている。そのことを多くの人が知って、より生き生きとビジネスをする人が増えていけば、これまでの歴史がそうであったように、あらゆる困難もチャンスに変えて乗り越えることができるだろう。筆者も含め、やはり一人ひとりがプロフェッショナルを目指さなければならない。

参考文献

「イノベーション・オブ・ライフ」クレイトン・M・クリスティンセン、ジェームズ・アルワース、カレン・ディロン、櫻井祐子 訳、翔泳社、2012 年 12 月

「イノベーションのジレンマ」クレイトン・M・クリスティンセン、伊豆原弓 訳、翔泳社、1997 年 4 月

「グレタ　たったひとりのストライキ」マレーナ＆ベアタ・エルンマン、グレタ＆スヴァンテ・トゥーンベリ、羽根由訳、海と月社、2019 年 10 月

「コンビナート統合」稲葉和也、平野創、橘川武郎、化学工業日報社、2013 年 1 月

「住友化学工業最近二十年史」住友化学工業、1997 年

「旬刊セキツウ」各号　セキツウ

「石油価格統計集 2004 年版」セキツウ

「石油化学の 50 年」石油化学工業協会

「戦後石油統計 新版」石油連盟、2016 年 3 月

「そのとき石化は－決断の軌跡」化学工業日報社、2007 年 7 月

「ナフサ戦争」徳久芳郎、日刊石油ニュース、1984 年 12 月

「ナフサ体系の商品学」守屋晴雄、森山書店、1997 年 2 月

「日本の石油化学工業 50 年データ集」重化学工業通信社、2011 年 12 月

「三井東圧化学社史」三井東圧化学株式会社、1994 年 3 月

「三井石油化学工業 30 年史」三井石油化学工業株式会社、1988 年 9 月

「三菱油化三十年史」三菱油化株式会社、1988 年 3 月

その他、各種日刊紙（化学工業日報、朝日新聞、フジサンケイビジネスアイ、読売新聞、日本経済新聞）

主要参考論文

『第二次ナフサ戦争私記』徳久芳郎、化学経済、1982 年 6 月号

『第二次ナフサ戦争終結の意味』遠藤薫、化学経済、1982 年 6 月号

『ナフサ・重油価格とオレフィン・コスト』石化製品新価格体系問題研究会、化学経済、1983 年 9 月号

『ナフサ急落で揺れる石化製品の価格体系』化学経済、1986 年 8 月号

『ナフサ－エチレン価格と石化業況をめぐって』セキツウ、1987 年 6 月 10 日号

『合成樹脂業界、価格是正に本腰』化学経済、1992 年 3 月号

『石油化学工業史の断片―その 1 ナフサ戦争を巡って―』徳久芳郎、化学経済、1993 年 11 月号

『合成樹脂事業の低収益構造―市場価格をどう評価するか―』矢野方彦、化学経済、1993 年 11 月号

『石油化学工業史の断片―その 2 不況カルテル―』徳久芳郎、化学経済、1993 年 12 月号

『石油化学工業史の断片―その 3 構造改善―』徳久芳郎、化学経済、1994 年 1 月号

『石油化学工業史の断片―その 4 構造改善(2)―』徳久芳郎、化学経済、1994 年 3 月号

『ソクラテスの不知―「無知の知」を退けて―』納富信留、思想、岩波書店 No.948（2003 年 4 月）

『オクタン価とガソリン品質設計』金子タカシ、日本燃焼学会、第 54 巻 170 号（2012 年）

『過去の原油価格暴落とその共通背景要因』小山堅　IEEJ（日本エネルギー経済研究所）、2015 年 4 月号

おわりに

　以上の内容をもって、なにか読者の考え方に少しでも影響を与えることができたとすれば、本書の役割は全て完結したことになる。石油化学産業にまつわる価格のスキームやその基礎、歴史や背景、そして課題と将来の姿、最後にマーケットに対する付き合い方に至るまで、執筆させていただいた。最後に、本稿を書き上げるまでに多大なご協力を頂いた方々に、御礼を申し上げたい。参考文献にも挙げた『ナフサ戦争』の筆者である当時三菱油化（現三菱ケミカル）の徳久さんは、ナフサ戦争後に産構法のカルテル下の企業間調整などに尽力し、その後業界に対する思い切った意見を、『化学経済』を始めとした業界誌に掲載された。これらの記事がなければ、多くの事実や考え方が歴史に埋もれていたことは間違いない。現在は日本を離れているやに聞くが、まず深く感謝申し上げたい。また、三井化学の鮎川さん、石油化学工業協会の笠原さんには多くの知恵をお貸し頂いた。そして本書の企画、編集、校正において化学工業日報の増井さんには多大なるご尽力を頂いた。これまで私が仕事をしてきた大阪や東京で出会った方々にも、深く感謝申し上げたい。石油化学業界で助けていただいた多くの方々に、本著を通じて少しでも恩返しができているようであれば本望だ。

　2021 年 3 月

柳本　浩希

◎執筆者略歴

柳本　浩希（やなぎもと　ひろき）

1985 年、千葉県に生まれる。慶應義塾大学文学部卒業後、総合化学メーカーに就職し、石化コンビナートのバックオフィス、ナフサの調達、合成樹脂の営業に従事。2016 年に Amerex Petroleum Corporation 東京支店入社。

執筆現在、石油化学コンサルタントとして株式会社アメレックス・エナジー・コムより専門誌の編集責任を請け負う。

ナフサと石油化学マーケットの読み方

柳　本　浩　希　著

2021年 3 月16日	初版 1 刷発行
2021年12月24日	初版 2 刷発行
2023年 6 月26日	初版 3 刷発行

発行者　　佐　藤　　　豊

発行所　　**化学工業日報社**

☎ 103-8485　東京都中央区日本橋浜町 3-16-8

電話　　　03 (3633) 7935（編集）

　　　　　03 (3633) 7932（販売）

振替　　　00190-2-93916

支社　大阪　**支局**　名古屋，シンガポール，上海，バンコク

ホームページアドレス　https://www.chemicaldaily.co.jp

印刷・製本・カバーデザイン：昭和情報プロセス㈱

ISBN978-4-87326-734-0　C3033